Axel Koch

Infotainment

in Seminar und Präsentation

Mit Stand-Up Comedy witzig und informativ präsentieren

managerSeminare Verlags GmbH, Bonn

Axel Koch
Infotainment in Seminar und Präsentation
© 2004 managerSeminare Verlags GmbH
Endenicher Str. 282, D-53121 Bonn
Tel: 02 28 / 9 77 91-0, Fax: 02 28 / 9 77 91-99
e-Mail: info@managerseminare.de
http://www.managerseminare.de

Herzlichen Dank an alle Künstleragenturen, die uns freundlicherweise die
Verwendung der Künstler-Fotos zusagten.

ISBN 3-936075-11-5

Lektorat: Ralf Muskatewitz
Cover: Silke Kowalewski, Bonn
Druck: druckhaus köthen GmbH, Köthen

Inhalt

4.   Worauf es bei der Präsentation von Gags ankommt ·················· 139

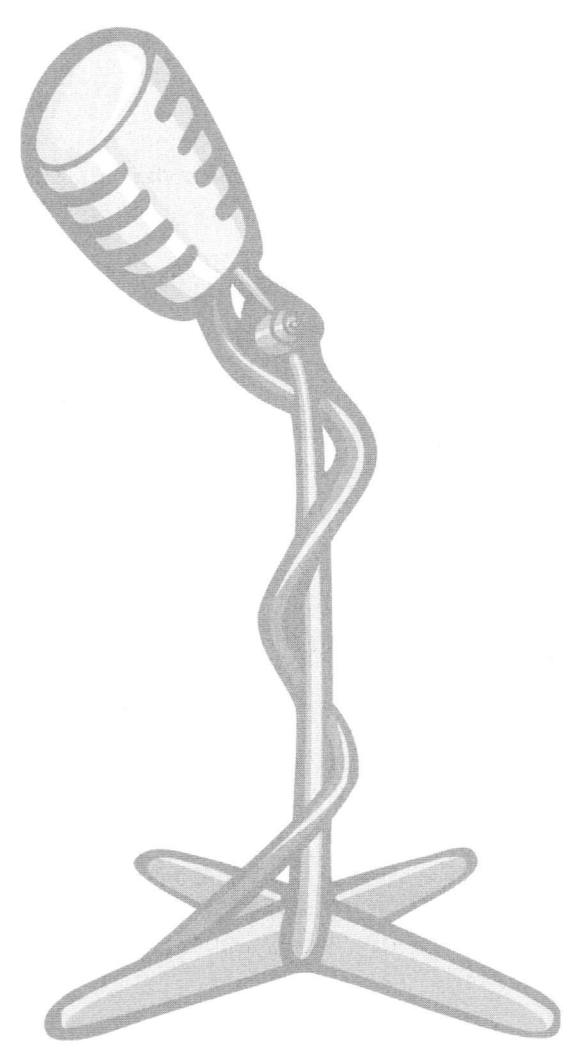

Wie alles begann

▶ Sie möchten Ihre Zuhörer gewinnen, statt sie in tiefe Trance zu reden?

▶ Sie möchten witzig und unterhaltsam ankommen, statt staubtrocken?

▶ Sie möchten sympathisch erscheinen statt distanziert?

▶ Sie möchten das Eis brechen, statt mit Langeweile die Herzen zu gefrieren?

Diese Bedürfnisse kann ich sehr gut verstehen. Denn sie haben mich zum Thema dieses Buches gebracht.

Der Ausgangspunkt dafür war folgende Erfahrung: Ich hatte mein ganzes fachliches Können in einem Seminar aufgebracht, um den Teilnehmern etwas zum Thema „Umgang mit Konflikten" beizubringen. Am Ende der Veranstaltung kam ich aus dem Raum und mein Auftraggeber sagte: *„Ich habe die ganze Zeit Lachen aus dem Seminarraum gehört. Da wusste ich, dass es ein gutes Seminar ist."*

Es gab kein Wort davon, dass die Teilnehmer vielleicht jetzt ihre Arbeitsanforderungen im Alltag besser meistern können, geschweige denn, dass meine fachliche Kompetenz bewertet wurde. Der Erfolg des Seminars wurde einzig an der Spaßkomponente und der Zahl der Lacher gemessen.

In solchen und anderen Momenten wurde mir bewusst: Im Vordergrund steht für die meisten Teilnehmer von Seminaren und Vorträgen die „heitere Verpackung der Inhalte". Das Publikum äußert ganz klar den Wunsch, während der Veranstaltung auch Spaß zu haben. Kaum verwunderlich – wenn man beobachtet, wie stark Comedy zurzeit im Trend liegt!

Die Fähigkeit, auf die es in der Präsentation ankommt, besteht zu großen Teilen darin, fachliche Informationen humorvoll zu vermitteln. Im allgemeinen Sprachgebrauch hat sich dafür in letzter Zeit immer mehr das Wort vom „Infotainment" eingebürgert. Damit ist die Verknüpfung von Information und Unterhaltung gemeint. Der Redner, Referent, Trainer, Lehrer, Präsentator ist danach nicht nur der Experte für das Fachliche, sondern auch zuständig für witzige, abwechslungsreiche Unterhaltung.

Ich habe mich deshalb gefragt, wie man diesem Wunsch nach guter Unterhaltung nachkommen kann. Denn bis auf meinen natürlichen „Mutterwitz" zähle ich mich zu den ganz normalen Leuten. Je nach Trainingsgruppe und eigener Tagesverfassung gelingen mir spontan mal mehr und mal weniger Lacher.

Unterhaltungskünstler – neudeutsch: *Comedians* –, die in einer Fernsehreportage befragt wurden, machten mir Hoffnung, dass man nicht durchgehend spontan witzig sein kann, sondern dass Comedy vielmehr harte Arbeit ist. TV-Comedy-Stars wie Harald Schmidt, Stefan Raab oder Ingolf Lück haben hinter sich mehrköpfige Comedy-Writer-Teams, die Texte am laufenden Meter produzieren.

Für mich standen nun folgende zwei Fragen im Raum:
▶ Wie schreibt man systematisch Comedy?
▶ Wie kann man diese Regeln für die Vermittlung von Wissen und Informationen im Business- und Weiterbildungsbereich nutzbar machen?

Die Internetrecherche ergab, dass es für meinen Bedarf aktuell keinen Anbieter von entsprechenden Seminaren gab. Zwar sind mit der Köln Comedy Schule (*www.koeln-comedy.de*) oder der Gag-Academy (*www.grimme-akademie.de*) Anbieter für Workshops und Ausbildungen vertreten, doch diese richten sich nur an eine Elite von wenigen Nachwuchs-Comedians, die aufgrund ihres Talentes gefördert werden. Personen, die lediglich Comedy-Elemente einsetzen möchten, gehen leer aus.

Mein zweiter Anlauf galt nun der Literatursuche. Dabei stellte ich fest, dass es auch in der deutschsprachigen Fachliteratur keine Antwort auf meine Fragen gab. In der englischsprachigen Literatur war die Ausbeute sehr viel erfreulicher. Unter den Suchbegriffen „Stand-Up Comedy" bzw. „Comedy Writing" standen immerhin knapp 40 Titel zur Auswahl.

Neugierig kaufte ich mir das erste Buch *„Stand-Up Comedy"* von Judy Carter und „schlang" es in der hoffnungsfrohen Erwartung herunter, dass mir aufgrund der Lektüre die witzigen Ideen nur so aus dem Gehirn purzeln würden – doch weit gefehlt! Ich appellierte inbrünstig an meine kleinen grauen Zellen, mich mit ein paar lustigen Einfällen zu beglücken. Doch da herrschte gerade „Synapsen-Streik".

Das zweite Buch *„Successful Stand-Up Comedy"* von Gene Perret brachte mich auf den Boden der Tatsachen zurück: Man kann Kreativität nicht erzwingen und nur wenige Gags kommen durch den ersten Einfall zu Stande.

Das dritte Buch *„The Comic Toolbox"* von John Vorhaus las ich eher der Vollständigkeit halber. So richtig traute ich meiner These „Aller guten Dinge sind drei" nicht. Hatte ich denn wirklich alle wesentlichen Informationen und Anleitungen zusammen?

Sicherheitshalber kaufte ich noch ein viertes Buch mit dem vielversprechenden Titel *„Comedy Writing Step by Step"*, wiederum von Gene Perret. Nachdem ich das Buch gelesen hatte, war meine These von den drei Büchern dahin. Denn gerade dieses Buch brachte mir etliche wertvolle Anregungen und Übungen.

Mit dieser Ausbeute an Werken tat ich die ersten Gehversuche. Diese waren zunächst zögerlich. Im Kopf hatte ich immer noch die bange Frage: *„Kann man überhaupt für Seminare Gags vorbereiten oder handelt es sich nicht doch um reine Situationskomik?"*

Ich erinnerte mich an manches Seminar, wo ich gerne spontane, witzige Einfälle zur Auflockerung gehabt hätte. Ausgerechnet in solchen Situationen herrschte bei mir natürlich Ebbe unter'm Scheitel. Ich wollte vorbereitet sein und erinnerte mich an die fundamentale Botschaft aller Bücher: Bei guten Comedians wirkt alles nur spontan, dahinter steckt jedoch viel Training und die Fähigkeit, vorher geschriebene Gags gut zu präsentieren.

So schrieb ich zum Beispiel Gags zum Thema *„Wie stelle ich mich zu Seminarbeginn den Teilnehmern sowohl lustig als auch seriös vor?"* und präsentierte diese im Freundeskreis bzw. bei Mitarbeitern. Nicht eine müde Mienenbewegung!

Frustriert startete ich eine neue Runde in der Ideenschmiede. Ich arbeitete noch härter und stellte dann die neuen Ergebnisse einer Mitarbeiterin vor. Ein mildes Lächeln erhellte bei einer Passage ihr Gesicht: *„Der ist ganz gut."*

Zwischenzeitlich holte ich mir für die Präsentation der entwickelten Gags professionelle Unterstützung aus dem Bereich Sprecherziehung und Schauspielkunst. Denn ich merkte, dass meine Kenntnisse und Fähigkeiten an ihre Grenzen stießen, wenn ich mich mit professionellen Comedians verglich.

Sicher fragen Sie sich, weshalb ich Ihnen meine Erfahrungen so lebhaft beschreibe. Ganz einfach – damit Sie bei Ihren eigenen Versuchen den Mut und die Lust bewahren, weiter zu machen und ähnliche Erlebnisse als normal einordnen.

Nach genügend Erfahrungen reifte bei mir die Idee, die von mir gewonnenen Erkenntnisse in deutscher Sprache nutzbar zu machen. Ich wollte nicht nur die Techniken der Stand-Up Comedy in einem deutschen Buch darstellen, sondern darüber hinaus die Gedanken weiterentwickeln und besonders für Präsentationen von fachlichen Themen nutzbar machen.

Um Ihnen die Regeln der Stand-Up Comedy zu verdeutlichen, habe ich mich entschlossen, viele Beispiele von bekannten deutschen Comedians zu zitieren. Auf diese Weise haben Sie die Gelegenheit, die Mechanismen ihrer Gags nachzuempfinden und sich so ein eigenes Bild zu machen. Ich habe dabei bewusst Gags ausgewählt, die beim Publikum starke Lacher erzeugt haben.

Lesen Sie nun meine zusammengefassten Tipps und Erfahrungen in diesem Buch. Viel Spaß und kreative Umsetzung wünscht

Axel Koch
Januar 2004

Kapitel 1

Infotainment, Stand-Up Comedy – Und wo ist der Witz dabei?

1.1 Welchen Nutzen bringt Infotainment?

Bestimmt haben Sie sich bereits mit der Frage beschäftigt, welchen Nutzen Sie wohl aus diesem Fachbuch ziehen können. Vielleicht stellen Sie sich diese Frage gerade in diesem Augenblick. Warum sollten Sie für ein Buch so viel Geld ausgeben, warum Ihre wertvolle Zeit opfern, sich die Inhalte zu erarbeiten? Berechtigte Fragen, die Antworten verlangen.

Dieses Buch hat weniger zum Ziel, aus Ihnen einen professionellen Comedian zu machen, der einer erfolgreichen Bühnenlaufbahn oder TV-Karriere entgegenblickt. Wobei Sie sich allerdings sicher sein können, hier ein methodisches Fundament zu erhalten, auf dessen Grundlage Vieles möglich wird. Warum nicht auch die spezielle Karriere als Comedy-Star? Wenn Sie also den Wunsch verspüren, Ihren Comedy-Idolen nachzueifern, dann tun Sie es doch! Hier erwartet Sie eine Menge „Material", Ihrem Ziel ein gutes Stück näher zu kommen.

Das erklärte Ziel des Buches ist, allen „Normalos", die präsentieren – sei es sporadisch oder auch professionell –, Techniken zu eröffnen, um Elemente der Stand-Up Comedy wirkungsvoll in ihre Präsentationen einflechten zu können. Hier geht es also um den richtig dosierten Einsatz von Infotainment. Und nichts liegt dabei näher, als von den Besten zu lernen, den professionellen Comedians.

Doch warum sollten Sie sich darauf einlassen, Ihre Präsentationen lebendiger als bisher zu gestalten? Kurz: Weil es sich lohnt! Als Trainer, aber auch als „normaler" Präsentator betreten Sie im Augenblick Ihrer Präsentation eine Bühne. Vor Ihnen steht oder sitzt ein erwartungsvolles Publikum, das Sie nicht enttäuschen wollen.

Infotainment zahlt sich aus.

Ziel Ihrer Veranstaltungen ist es, neue Impulse, Informationen, Erkenntnisse „rüberzubringen", evtl. sogar Veränderungen im künftigen Verhalten Ihrer Teilnehmerschaft herbeizuführen. Doch nicht nur als blanke, dröge Sachveranstaltung, sondern gut verpackt! Machen Sie sich nichts vor: Die Qualität Ihres Auftritts und Ihrer Lerninhalte wird zum größten Teil daran gemessen, wie unterhaltsam Sie diese rüberbringen konnten. Warum also nicht direkt aus diesem Sachzwang heraus einen regelrechten Event machen – und es richtig tun?

Die Qualität Ihres Auftritts wird an Ihrem Unterhaltungswert gemessen.

Wie stark wird die Sachebene beeinträchtigt? Ist es moralisch, sich in Zeiten wie diesen mit Spaß auseinander zu setzen? Wird man dabei überhaupt ernst genommen, wirkt man da nicht sofort oberflächlich? Gibt man sich nicht automatisch der Lächerlichkeit preis?

Keine Sorge, den Hanswurst sollen Sie nicht abgeben. Und die Sachinformation soll einen hohen Stellenwert behalten – schließlich dürfen die Lern- und Präsentationsziele nie aus dem Auge verloren werden. Ich bin davon überzeugt, dass Sie sich über die professionelle Auseinandersetzung mit Infotainment sehr viele berufliche und persönliche Vorteile erarbeiten können, egal, ob Sie im Rahmen von Führung oder Verkauf präsentieren oder ein professionelles Training halten.

Die Vorteile von Infotainment.

Führen Sie sich einmal folgende Vorteile vor Augen:
- ▶ Humor macht sympathisch.
- ▶ Humor schafft einen „guten Draht".
- ▶ Aus ernsten Botschaften wird die Spannung genommen.
- ▶ Lachen entspannt die Emotionen und wirkt anregend.
- ▶ Wer in der Sache weiterkommen will, muss erst mal den Menschen erreichen.
- ▶ Mit Humor und Lachen wird das Eis gebrochen.
- ▶ Humor ist der „Köder", damit eine Botschaft bei Menschen (Mitarbeitern, Kunden, Seminarteilnehmern) ankommt.
- ▶ Eine lebendige Präsentation beschleunigt Lernprozesse, weil sie ein positives Lernumfeld schafft.
- ▶ Sie bleibt besser in Erinnerung.
- ▶ Das Publikum bleibt länger „am Ball".
- ▶ Der Spaßfaktor wirkt als beste Mundpropaganda.
- ▶ Kurzum: Gewinnen Sie mit einem Lachen!

Humor ist ein äußerst intensiver Erinnerungsanker. Man wird sich an Sie erinnern. Man wird über Sie reden, wenn man zurück am Arbeitsplatz ist, Sie bei passender Gelegenheit vielleicht weiterempfehlen. Wenn das kein Wettbewerbsvorteil ist!

Und noch etwas: Denken Sie einmal an den Applaus, das „Brot des Künstlers". Das können Sie ruhig sprichwörtlich nehmen! Sie erfahren bei einer gelungenen Präsentation das unmittelbare Feedback Ihres Publikums, und dann macht es doch erst Spaß.

Applaus, das Brot des Künstlers.

Mir macht es jedenfalls Spaß, wenn mir Teilnehmer nach Seminaren oder Vorträgen sagen, dass sie es so angenehm kurzweilig fanden. Ich sage dann gerne plakativ: *„Das freut mich. Mir ist es nämlich ein Anliegen, dass ich Sie nicht in tiefe Trance rede, so dass Ihnen schon nach den ersten Worten der Kopf auf die Tischplatte knallt."*

1.2 Was ist Stand-Up Comedy?

Stand-Up Comedy ist ein witziger, unterhaltsamer Vortrag, der spontan erzählt klingt, aber genauen Gestaltungsprinzipien unterliegt. Wenn gute Comedians ihre Geschichten erzählen, hört es sich locker und improvisiert an. In der Regel ist aber das meiste davon vorher bis ins Feinste ausgearbeitet worden.

Improvisation will gut vorbereitet sein.

Comedy-Stars wie Harald Schmidt, Rüdiger Hoffmann, Michael Mittermeier, Ingolf Lück, Dieter Nuhr und viele andere nutzen das Format der Stand-Up Comedy. Dabei hält der Komiker zu einem Thema einen Monolog, bei dem in kurzen Abständen immer wieder witzige Pointen auftreten. Allerdings zündet nicht jede Pointe gleich gut, sondern es gibt Höhen und Tiefen in der Witzigkeit, was aber auch vom individuellen Geschmack des Zuschauers abhängt und variiert. Dazu ein Beispiel.

Auszug aus „Mittermeier & Friends" von *Michael Mittermeier*:
Ich komme mir musikalisch manchmal schon sehr alt vor. Wisst Ihr, wo ich mir sehr alt vorkam vor einiger Zeit? Ich habe versucht, mir auf der Fußgängerzone in einem Kaufhaus eine Nadel zu kaufen für meinen Schallplattenspieler.
(mit aufgebrachter Stimme) Hör mal, früher war das einfach. Du bist einfach in das Kaufhaus gegangen, hast' gekauft – (dann mit schnellem Redetempo) gut, im Osten hast Du Dir was gebastelt, ne – (mit warnender Stimme) aber tut es nicht, verstehst?
Ich bin also in das Kaufhaus reingegangen: (Szene auf der Bühne mit Stimme und Körpersprache dargestellt): „Guten Tag, ich bräuchte eine Plattennadel." (nachgeahmter Verkäufer mit hysterischer Lache) „Ha, ha, ha – hey kommt mal alle her, ha, ha, ha, der Typ hat noch einen Plattenspieler, wahrscheinlich ist er aus dem Osten, ha, ha." (Sprechpause, dann mit fordernder Stimme) Ja, da müsst Ihr mal die DJ's fragen, die DJ's machen wieder mit Platten rum. (Sprechpause und weiter mit Abneigung in der Stimme) Ich mag keine DJ's. Wisst Ihr, was DJ's tun? Die scratchen. Wisst Ihr was scratchen ist? (mit empörter Stimme) Die kratzen auf einer Schallplatte mit einer Plattennadel! (mit erstaunter Stimme) Weiß Gott, woher die die haben.

Wahrscheinlich denken Sie jetzt: So witzig ist der Text nicht. Das ist ein ganz normales Empfinden. Die Gags auf dem Papier haben nicht die gleiche Wirkung, als wenn sie erzählt werden. Dabei hat jeder Comedy-Künstler seine ganz spezielle Darbietungsform. Gags, die Harald Schmidt erzählt, wirken bei Michael Mittermeier nicht und umgekehrt. Jeder Comedian hat seine eigene Sprache, Ausdrucksform und ganz spezielle Gags.

Dennoch verbindet alle Comedians eine Gemeinsamkeit: Sie nutzen bestimmte Regeln und Prinzipien, die zu einer gelungenen Darbietung beitragen. Die Feinheiten dazu erfahren Sie in Kapitel 4.

Vorab sei gesagt, dass es auch auf gute Sprechtechnik und schauspielerische Fähigkeiten ankommt. Lebendigkeit und Unterhaltsamkeit ergeben sich z.B. durch den richtigen Einsatz von Stimme, Mimik, Tonfall, Körpersprache oder durch den Wechsel zwischen Pausen und Lebendigkeit. Wichtig ist auch die emotionale Haltung, aus der heraus eine Geschichte erzählt wird. Ohne Emotionen klingen selbst die witzigsten Worte steril.

Um nun im ersten Schritt ein besseres Gefühl für Comedy-Monologe und deren professionelle Darbietung zu bekommen, empfehle ich Ihnen folgende Übungen, die ich als sehr hilfreich empfand.

So bekommen Sie ein Gefühl für gute Comedy-Darstellungen.

Warming-up: Gute Comedy-Stars analysieren

1. Nehmen Sie erfolgreiche Comedy-Stars auf Band auf, deren Stil und Humor Ihnen gefällt.

2. Sehen Sie sich die Aufzeichnungen an, um ein Gefühl zu bekommen, wie sie ihre Gags präsentieren. Beantworten Sie sich dazu folgende Fragen:
▶ Was sind die Themen? Listen Sie die Themen innerhalb einer gesamten Darbietung auf (z.B. Musik, Kindheit, Eltern etc.)
▶ Wie oft kommt eine Pointe?
▶ Sind die Pointen alle gleich witzig, oder gibt es Höhen und Tiefen?
▶ Wie sind die Übergänge zwischen den Themen und Pointen?

▶ Wie lang sind die Einleitungstexte zu den Pointen?

▶ Wie ist die Pointe sprachlich positioniert?

▶ Aus welchen verschiedenen emotionalen Einstellungen werden die Themen dargeboten?

▶ Formulieren Sie ein Abschluss-Resümee zum Stil des Comedians. Was ist typisch für ihn? Wodurch schafft er es, dass seine Gags gut ankommen?

Warming-up: Schlechte Komiker analysieren

So bekommen Sie ein Gefühl für schlechtere Präsentationen.

1. Nehmen Sie Komiker auf Band auf, die Sie schlecht finden. Häufig sind dies unerfahrene Nachwuchskünstler. Schauen Sie sich deren Beiträge an. Nachwuchskomiker sind im Fernsehen z.B. in der WDR-Sendung *„Nightwash"* oder auf Pro7 in der Sendung *„Quatsch Comedy Club"* zu sehen, wobei die meisten, die dort auftreten, inzwischen bereits einen hohen Grad an Professionalität besitzen. Besser sind da regionale „live-Events" geeignet. In manchen Städten gibt es spezielle Veranstaltungen, auf denen sich Nachwuchs-Comedians präsentieren.

2. Sehen Sie sich die Komiker an, um ein Gefühl zu bekommen, wie sie ihre Gags präsentieren. Beantworten Sie sich dazu folgende Fragen:

▶ Welche Defizite gibt es, die Sie diesen Komiker als „schlecht" empfinden lassen?

▶ Wie präsentiert er seine Themen bzw. Gags, weshalb sie „peinlich", „langweilig", etc. auf Sie wirken und keine Lacher produzieren?

▶ Welche Unterschiede fallen Ihnen im Vergleich zu guten Komikern auf? Gehen Sie dazu Ihre Notizen aus der ersten Übung durch.

Vor dem Hintergrund dieser Analyse, werden Sie wahrscheinlich bereits viele der in den folgenden Kapiteln dargestellten Gedanken wiedererkennen.

Infotainment zahlt sich aus

▶ Mit Infotainment gestalten Sie lebendige Lernprozesse, bauen Spannungen ab, brechen das Eis.

▶ Mit Infotainment bauen Sie eine gute Beziehung zu Ihrem Publikum / Ihren Teilnehmern auf und schaffen das Fundament für eine gute Zielerreichung.

▶ Mit Infotainment fördern Sie die Erinnerungsleistung Ihres Publikums und damit später auch z.B. die bessere Umsetzung am Arbeitsplatz.

▶ Mit Infotainment werden Ihre Inhalte positiver eingeschätzt. Das bestimmende Kriterium zur Bewertung Ihrer Gesamtleistung ist die Zufriedenheit der Teilnehmer mit Ihrer Präsentation.

▶ Gelungenes Infotainment bringt Sie ins Gespräch. Ihre Kabinettstückchen werden später gegenüber Kollegen, dem Vorgesetzten oder Geschäftspartnern zitiert. Sie haben gute Chancen auf Weiterempfehlungen.

▶ Wenn typische Infotainment-Elemente zu Ihrem persönlichen Stil als Trainer gehören, fördert dies Ihre Markenbildung. Sie können sich darüber gut erkennbar profilieren und verschaffen sich ein interessantes Akquiseinstrument.

▶ Wenn Sie als Infotainer gut ankommen, werden Sie spontanes Feedback von Ihrem Publikum erfahren. Dies wird Sie motivieren, an Ihrem Stil ständig weiterzuarbeiten.

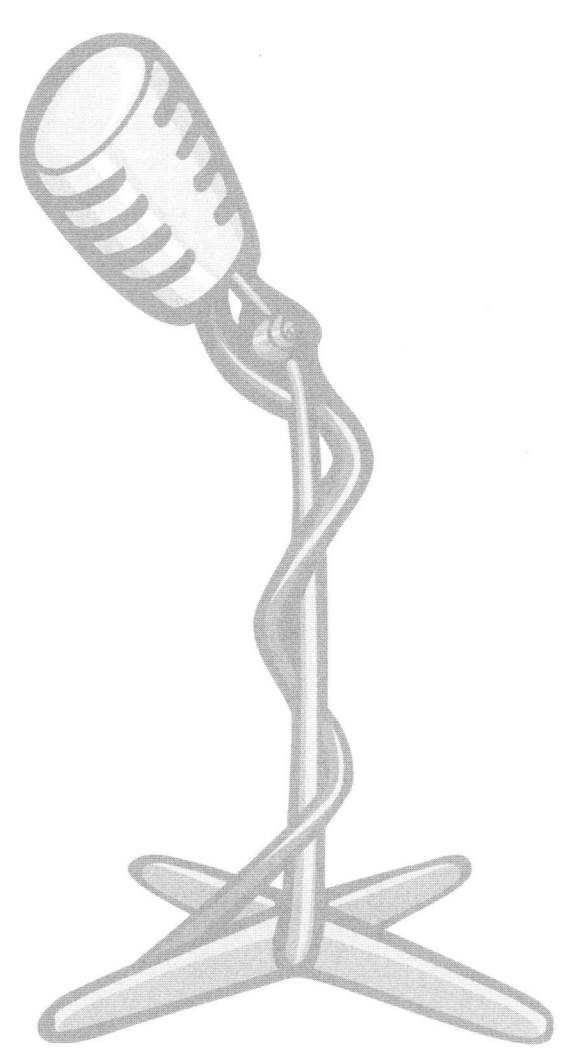

Kapitel 2

Technische Merkmale eines Gags

Der Grundbaustein für einen Stand-Up-Comedy-Vortrag ist der einzelne Gag. Dieser Gag weist ein typisches Format auf und unterliegt bestimmten Gestaltungsprinzipien, die im Folgenden verdeutlicht werden.

2.1   Neuartige Verknüpfung von Gedanken

Bei einem Gag handelt es sich im Prinzip um die Verknüpfung von zwei oder mehreren Gedanken, deren neuartige Zusammenfügung für den Lacher sorgt. Zwischen den Gedanken wird ein überraschender Bezug hergestellt, den vorher niemand in der Weise gesehen hat.

Beispiel von *Michael Mittermeier*:
Kennen Sie den Unterschied zwischen Musical und Oper? Im Musical sind alle Darsteller immer schön, sogar die Katzen. In der Oper kriegen immer die die Hauptrollen, die sie auch singen können. Deswegen sieht die Königin der Nacht auch meistens so aus.

Um Jokes zu entwickeln, ist die Fähigkeit erforderlich, systematisch verschiedene, zunächst nicht zusammengehörige Ideen, miteinander in Verbindung zu bringen. Irgendwann hat man eine witzige Verbindung gefunden. Dieser geistige Prozess ähnelt dem Scrabble-Spiel. Man sieht verschiedene Buchstaben und geht im Geiste alle möglichen Buchstabenverbindungen durch, bis sich ein Wort zusammenfügt.

Das Joke-Scrabble: Bringen Sie zunächst nicht zusammengehörige Ideen miteinander in Verbindung.

2.2   Das Stand-Up-Format

Bei einem Gag geht es darum, die verschiedenen Ideen nicht nur „irgendwie" zusammenzubringen, sondern ihn so zu formulieren, dass er leicht verständlich und die Pointe klar erkennbar ist. Um dies zu erreichen, gibt es als Gestaltungsregel das so genannte „Stand-Up-Format".

Stand-Up =
Einleitung + Pointe.

Das Stand-Up-Format beinhaltet zwei Teile: einige einführende Worte, die auf die Pointe hinführen und die Pointe selbst. Der Einleitungstext hat informativen Charakter und baut eine bestimmte Erwartungshaltung auf. Die Pointe steht im Gegensatz zu der erzeugten Erwartungshaltung. Sie bringt eine neue Wendung hinein, die letztlich das Publikum zum Lachen bringt. Zur Verdeutlichung ein Beispiel.

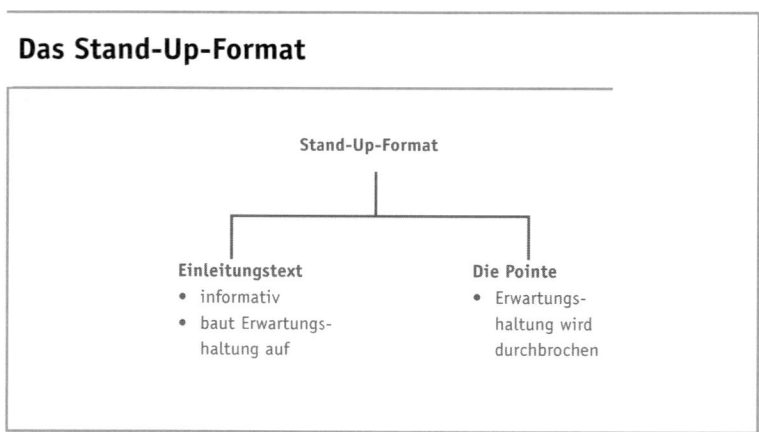

Das Stand-Up-Format

Stand-Up-Format

Einleitungstext
- informativ
- baut Erwartungshaltung auf

Die Pointe
- Erwartungshaltung wird durchbrochen

Beispiel für ein Stand-Up-Format von *Jürgen von der Lippe*:
Ein Mann sitzt in einer Kneipe und tut das, was ihm laut Schöpfungsplan in sein Stammhirn graviert ist. (mit begehrlicher Stimme gesprochen) Er begehrt eine Frau. Aber er traut sich nicht, sie anzusprechen. Also trinkt er Alkohol. Jetzt traut er sich. Aber er kann nicht mehr sprechen.

Aus einer Aneinanderreihung der einzelnen Gags im Stand-Up-Format ergibt sich dann ein kompletter Monolog zu einem Thema.

Axel Koch: Infotainment in Seminar und Präsentation

2.3 Die überraschende Wendung

Entscheidend für die Güte eines Gags ist die Pointe. Damit sie zündet, müssen die darauf hinführenden Worte beim Zuhörer für eine bestimmte Erwartungshaltung sorgen. Ein Lacher resultiert daraus, dass die aufgebaute Erwartung enttäuscht wird. Die Pointe stellt sozusagen einen Kontrast bzw. einen krassen Richtungswechsel dar. Ein guter Gag ist bildlich gesprochen so, als wenn Sie auf einer geraden Straße Auto fahren und plötzlich kommt völlig überraschend eine 90-Grad-Kurve.

Die Kunst, Ewartungen aufzubauen und zu enttäuschen.

Beispiel: *Rudi Carrell* und *Kalle Pohl*
> *„Bei mir ist alles picobello. Ich lade Dich mal ein. Bei mir kannst Du vom Fußboden essen."*
> *„Oh, dann komm lieber zu uns, wir haben einen Tisch."*

Die überraschende Wendung in einem Gag wird dadurch erzielt, dass der Komiker eine bestimmte Situation aus einem ganz anderen Blickwinkel betrachtet. Dabei werden häufig Tatsachen verzerrt oder diese sehr übertrieben dargestellt.

Eine Situation wird so präsentiert, dass sie der normalen Realität entspricht und auch die zugehörigen normalen Erwartungen weckt. In den Köpfen des Publikums entsteht dadurch eine bestimmte Vorstellung, welche Information als nächstes kommen wird. Der Comedian schaut jedoch entgegen der normalen Sichtweise auf den Sachverhalt. Genau dieser Unterschied zwischen den Sichtweisen bringt den unerwarteten Kontrast und damit die Lacher.

Wenn dagegen die Pointe die erwartete Schlussfolgerung aus dem Einleitungstext bestätigt, ist der Gag nicht lustig.

Die Kunst des Überraschungseffekts: Eine vorhersehbare Pointe ist nicht lustig.

Negativ-Beispiel:
> *Mein Freund ist solch ein Egoist, er mag sich selbst lieber als mich.*

2.4 Gag steht vor Logik

Wenn Sie Gags hören, dann sind diese bei näherer Betrachtung häufig unlogisch. Doch dies stört wenig. Unser Geist ist offenbar sehr flexibel. Er akzeptiert nämlich problemlos Tatsachenverzerrungen und Unmöglichkeiten. Die Hauptsache ist, sie sind lustig.

Nutzen Sie die Flexibilität unseres Geistes.

Beispiele von *Mike Krüger*:

> *In der Steinzeit. Ja, wenn es damals bei Gewitter blitzte, dachten die Neandertaler, sie wären zu schnell durch das Tal gelaufen.*

oder:

> *Als ich klein war, habe ich ja auch wahnsinnig oft an dem Wettbewerb „Jugend forscht" teilgenommen. Und zwar mit Acht habe ich versucht, Hühnern beizubringen in heißem Wasser zu schwimmen, damit sie gekochte Eier legen.*

2.5   Bezugserfahrungen

Ein Gag funktioniert nur, wenn die Zuhörer sich darin mit ihren Erfahrungen wiederfinden bzw. wenn sie dazu entsprechendes Hintergrundwissen haben. Prinzipiell kann jede menschliche Erfahrung zu einem Gag gemacht werden. Die Voraussetzung ist, dass das Zielpublikum diese Erfahrungen aus seinem Alltag kennt bzw. bereits selbst einmal erlebt hat. Weiterhin ist wichtig, dass die in einem Gag dargestellte Realität vom Zielpublikum auch akzeptiert wird.

Findet sich Ihr Publikum in Ihrer Geschichte wieder?

Beispiel von *Rüdiger Hoffmann* zum Thema Wohnungssuche (aus der CD „Der Hauptgewinner"):

> *Ich habe jetzt endlich eine Wohnung gefunden.*
> *Ja gut, Wohnung ist jetzt vielleicht noch ein bisschen übertrieben.*
> *Ich meine, klar, am Anfang hatte ich auch ziemlich überzogene Vorstellungen, aber davon muss man sich halt dann verabschieden.*
> *Ich meine, klar, fließend Wasser wäre schön gewesen – oder eine Steckdose. Aber ich meine, das muss ja nicht sein.*
> *Nein, aber ich muss wirklich sagen, ich bin voll zufrieden.*
> *Die erste Wohnung, für die ich mich beworben hatte, vor einem dreiviertel Jahr, die war natürlich schon ein bisschen komfortabler, zwei Zimmer, Küche, Bad, 35 Quadratmeter, Blick auf so eine Verkehrsinsel, herrlich, ich bin sogar in die engere Wahl gekommen, also unter die letzten 80 Bewerber.*
> *Aber irgendwie muss ich dann doch einen ziemlich schlechten Eindruck auf die Vermieterin gemacht haben, nun okay, mein Konfirmationsanzug saß vielleicht ein bisschen knapp und mit den Pralinen, ich konnte nicht wissen, dass sie Diabetikerin war …usw.*

Die Erfahrung, auf die hier Bezug genommen wird, ist die Tatsache, dass Wohnungssuche schwierig ist und man vielfach alle Tricks versucht, um eine gute Wohnung zu bekommen. Praktisch jeder Erwachsene kennt diese Sachlage bzw. hat so etwas selbst schon erlebt.

Verfügt Ihr Publikum über die notwendige Hintergrund-Information?

Das folgende Beispiel versteht man dagegen nur dann, wenn man die entsprechenden Hintergrund-Infotmationen über Ernst August, Prinz von Hannover, hat, der durch sein Verhalten als „Pinkel-Prinz" in die Schlagzeilen geriet.

Beispiel von *Harald Schmidt*:
> *Sie haben es sicherlich gelesen. Zu Hause beim Kanzler –*
> *Wasserrohrbruch. Ist ja Wahnsinn, oder? Das letzte Mal als*
> *Hannover Wasserschaden hatte, war es Ernst August.*

Die folgende Übung hilft Ihnen, sich für die beschriebenen technischen Merkmale von Gags zu sensibilisieren und sie sich zu verdeutlichen. Dadurch können Sie beim späteren Comedy-Writing auf diese Erkenntnisse einfach zurückgreifen.

Übung: Analysieren Sie Ihre 50 Lieblings-Jokes

Diese Übung von *Gene Perret* hat folgende Ziele:

▶ Sie machen sich mit dem Stil und der Form von guten Jokes vertraut und machen sich bewusst, was Sie persönlich mögen oder nicht. So beginnen Sie, Ihren eigenen Schreibstil zu entwickeln.

▶ Sie sehen die verschiedenen Formen, die Gags haben können.

▶ Die Gags liefern Ihnen Inspirationen für eigene Gags.

▶ Die Jokes stellen eine gute Referenz dar. So können Sie immer auf Ihre eigene Beispielsammlung zurückgreifen.

Sammeln Sie 50 Jokes – ganz egal woher. Das einzige Kriterium ist, dass es Gags sein sollten, die Sie besonders gern mögen.

1. Notieren Sie diese Jokes auf ein Blatt Papier und analysieren Sie diese in Hinblick auf die textliche Gestaltung und ihren Überraschungseffekt.

▶ Wie lang ist der Einleitungstext?

▶ Wie ist die Pointe formuliert und positioniert?

▶ Wie stark ist der Kontrast zwischen Einleitung und Pointe?

▶ Welche allgemeingültigen bzw. speziellen Erfahrungen aus der Realität sind verarbeitet?

2. Schreiben Sie jeweils neben einen Gag, warum Sie diesen witzig finden. Sind es die Worte oder das erzeugte Bild, was zum Lachen animiert, oder beides? Schreiben Sie einfach auf, weshalb Sie den Gag so mögen.

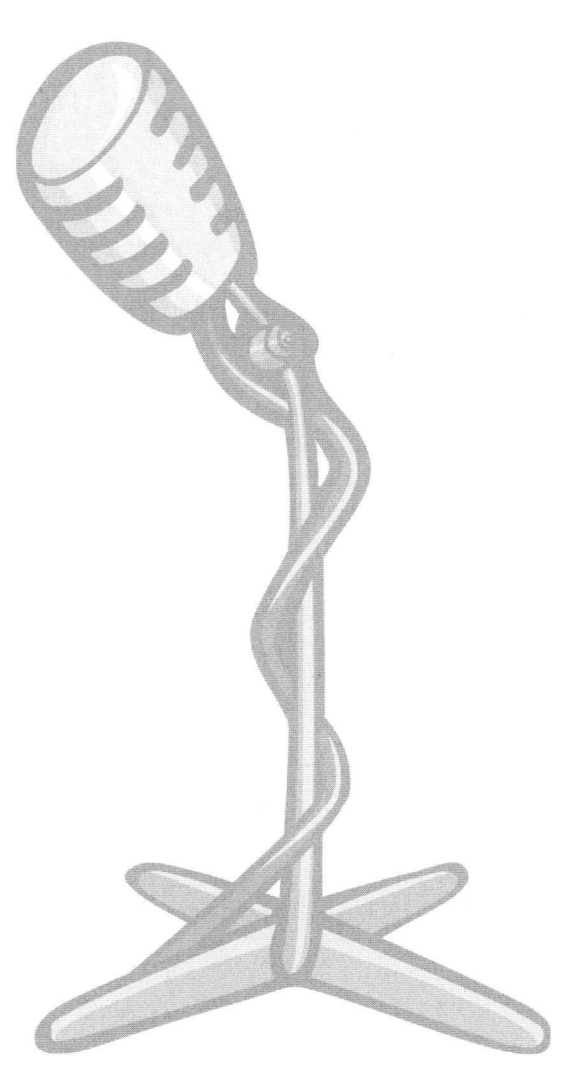

Kapitel 3

Wie man Comedy schreibt

3.1 Die Masse macht´s

Die schlechte Nachricht gleich zu Beginn: Nicht alles, was Sie an Comedy schreiben, ist gut. Am Ende des kreativen Prozesses bleibt nur ein geringer Prozentsatz von guten Jokes übrig.

Comedy-Writer *Gene Perret* berichtet davon, dass er mit acht oder neun anderen Schreibern jeweils 20 bis 30 Jokes für einen Auftraggeber zu einem Thema verfasste. Im Endeffekt standen so 200 bis 300 Jokes zur Verfügung. Für ein Thema! Nur 15 davon wurden schließlich vom Auftraggeber im fertigen Comedy-Monolog verwendet.

Um ein Bild zu Quantität und Qualität von Jokes zu vermitteln, verweist Perret auch darauf, dass er für eine Rede im Rahmen einer Dinner-Party 25 bis 30 Gags schrieb. Im Zuge der Überarbeitung blieben 12 bis 15 Gags übrig. Als es um die endgültige Rede ging, achtete er darauf, die Witzigkeit zu steigern. Nachdem er probehalber ein- bis zweimal die Rede vortrug, wurde ihm klar, dass einige Gags nicht zündeten. Von den ursprünglich 30 blieben sechs bis acht solide Gags als Ergebnis übrig.

Die wichtigste Botschaft von Perret für das Comedy-Writing ist: Nie zu früh aufgeben. Gerade Anfänger neigen dazu, sich zu schnell mit den geschriebenen Gags zufrieden zu geben. Und das kann ich aus eigener Erfahrung voll bestätigen.

Nie zu früh aufgeben: Von 10 Ideen sind 9 für den Gully.

Aus diesem Grund empfinde ich die von John Vorhaus empfohlene *„9er-Regel"* als sehr hilfreich. Er sagt, von zehn Ideen kann man neun wegwerfen. Er findet diese Vorstellung hilfreich, um nicht zu früh aufzuhören. Damit reduziert sich auch die Erwartungshaltung, man könne schnell zum Erfolg kommen.

3.2 Die eigene Persönlichkeit definieren

Sind Sie ein Zyniker wie Harald Schmidt oder ein zweiter Stefan Raab, der für aggressiven Humor steht?

Bevor Sie Gags schreiben, müssen Sie wissen, wer Sie sind, wofür Sie stehen, wo Ihre Stärken und Schwächen sind, betont Gene Perret. Nur so können Sie Gags entwickeln, die zu Ihnen passen.

Finden Sie Ihre besonderen Eigenschaften und Merkmale heraus.

Um eine Darbietung zu entwickeln, ist es wichtig herauszufinden, welche Einstellungen, Meinungen und Gefühle Sie zu folgenden Bereichen haben:

▶ Ihr körperliches Erscheinungsbild
▶ Ihre persönlichen Eigenschaften und Beziehungen (Kindheit, Eltern, Schule, Beziehungen)
▶ Die Welt, in der Sie leben (Politik, Gesellschaft)

Dazu drei Beispiele.

Bernd Stelter präsentiert sich als jemand, der den kulinarischen Genüssen nicht abgeneigt ist und auch vom Aussehen eher etwas rundlich wirkt. Dazu passt der Gag:

> *Ich gehe auch gerne in die Sauna. Schon, weil es da drei Gänge gibt.*

Atze Schröder, bekannt mit Lockenfrisur und großer, blaugetönter Brille, gibt sich als Prolet aus dem Ruhrpott, dem nichts heiliger ist, als sein schnelles Auto. Auf Grundlage dieses Images erzählt er in der RTL-Serie *„7 Tage, 7 Köpfe"* folgende Geschichte:

> *Am Montag hatte ich die Begegnung der dritten Art. Mike (Krüger) hat mich endlich mal angerufen. Aus Quickborn. Mein Freund Mike aus Quickborn ruft an und sagt: „Hör mal, Atze. Komm mal auf ́nen Kaffee vorbei." Essen – Quickborn, 380 Kilometer. Ich sag: „Mike, setz auf!"*
> *In Ruhe zu Ende geduscht, in meinem Porsche ganz charmant die sechs Zylinder geflutet, mit 182 raus aus der Garage, über*

die A1 Richtung Quickborn. Und ich war zehn Minuten auf der
A1, schon stand ich im Stau, neben mir so ein ukrainischer
Schweinetransporter. Ein bestialischer Gestank!
Ich sofort die Fenster hochgefahren. Da hab' ich gemerkt, das
Verdeck ist nicht drauf.
Und ich habe mir gedacht: Schröder, ein Gutes hat die Sache.
Schlimmer kann es nicht mehr stinken.
In dem Moment kurbelt der Fahrer von diesem Transporter das
Fenster herunter – und da war ich mir nicht mehr sicher: Findet
der Viehtransport jetzt wirklich nur auf der Ladefläche statt?
Oohhh, meine Güte!!
Die Brille war beschlagen. Da hat er zum ersten Mal seit Kiew die
Scheibe runter, zum Durchlüften, der Meister.
Ich weiß gar nicht, wie diese Typen heißen. Kennst du so Kerle,
die so beharrt sind, dass selbst die Haare noch mal Haare
haben?
Und unter den Achseln vier so dicke Warzen, da fehlten nur noch
Nase und Ohren, dann hätten die Doppelkopf spielen können.
Aber das Allerschlimmste war, dass ich acht Stunden neben dem
Meister gestanden habe und dann Mike anrief und fragte: „Atze,
wo bleibst du denn? Der Kaffee wird hart."

Schließlich gibt es noch den Comedian Holger Müller, der sich
„Ausbilder Schmidt" nennt und als „Schleifer" der Comedy-Szene
gilt. Er trägt ein rotes Barrett, Bundeswehruniform und eine
schwarze Sonnenbrille. Sein Markenzeichen ist, dass er alle Jokes
in den Bezugsrahmen Militär setzt. Im Feldwebel-Ton erzählt er
dann typischerweise seiner Mannschaft Geschichten. In einem Beitrag berichtet er von seinen Erfahrungen bei der bekannten Computer- und Elektronik-Messe CeBIT (Centrum für
Büro- und Informationstechnologie) in Hannover.

Holger Müller in seinem
Komik-Charakter des
Ausbilder Schmidt.

„Morgen Ihr Luschen." – *„Morgen Chef."*
„So, war ich doch gestern mal auf der Cebit. Die haben
vielleicht blöd geguckt, als ich auf einmal mit meinem
Panzer in Halle 2 stand. Hahahah.
Ich wollte mir mal ein schönes Handy mit Radetzky-
Marsch zulegen. Aber da gibt es nur so neumodischen
Kram. Da muss man jetzt seinen Klingelton selber
besprechen. Das habe ich getan. Ich habe gesagt:
„Morgen Ihr Luschen, es klingelt, geht gefälligst ran."

Da war das Handy kaputt. Dann war ich an einem Stand mit Flachbildschirmen. Ja, aber die waren nicht flach – die waren immer noch einen Zentimeter dick. Bin ich mal schön mit meinem Panzer drüber gefahren! Da war der Bildschirm mal richtig schön flach. Und die Hostessen auch.
Mein Fazit von der CeBIT: Handys können ja mittlerweilen alles. War ich verblüfft, mit einigen kann man sogar telefonieren."
(Lachen der Mannschaft) „Schnauze!! Umziehen, ab zum Geländelauf!"

Wenn Sie als Referent auftreten und die Leute Sie noch nicht kennen, werden sich diese mehr oder weniger bewusst fragen: *„Wer ist dieser Mensch?"* Ihre Aufgabe ist es dann, ihnen zu sagen, wer Sie sind und wofür Sie stehen. Welche Persönlichkeit stellen Sie dar? Was ist Ihre Philosophie und Ihre bestimmte Sicht der Dinge? Wichtig ist, dass das Ganze in sich stimmig ist.

Stimmigkeit: Ihre Darstellung sollte klar identifizierbar sein und zu Ihnen passen.

Ihre Persönlichkeit liefert den Zuhörern einen Bezugspunkt. Sie wissen, wer Sie sind und was sie von Ihnen zu erwarten haben. Wenn Ihre Zuhörer wissen, welche besonderen Eigenschaften und Merkmale Sie auszeichnet und wie Ihre besondere Sicht der Dinge ist, können sie leichter Ihre Gags verstehen und darüber lachen.

Eine starke Definition hilft Ihnen, Ihre eigene Comedy zu entwickeln. Wenn Sie wissen, wer Sie sind, was Sie tun und was Ihre spezielle Sicht der Dinge ist, liegen die Anknüpfungspunkte für Jokes klar auf Ihrer Hand. Ihr Charakter selbst bringt Sie auf Ideen und Gags. Es ist auch leichter, spontane Bemerkungen hinzuzufügen, wenn Ihnen Ihr Bezugsrahmen sehr viel klarer ist.

Wenn Sie einen markanten Charakter verkörpern, dann macht dieser Sie einzigartig, und unterstreicht den Unterschied zu anderen.

Denken Sie einmal an verschiedene Comedy-Persönlichkeiten. Welche Assoziationen kommen Ihnen dazu in den Sinn?
▶ Rüdiger Hoffmann gilt aufgrund seines Sprechstils als „langsamste Schlaftablette der Welt".
▶ Mike Krüger verwendet immer wieder den Satz *„Sie wissen ja, ich hatte eine schwere Kindheit."* Auch seine große, spitze Nase wird oft in Gags eingebaut.

▶ Kalle Pohl wird häufig von seinen Kollegen wegen seiner überschaubaren Körpergröße aufs Korn genommen, weswegen er sich gerne als unwiderstehlicher womanizer präsentiert: *„Sie wissen, ich bin ein Frauentyp."*

▶ Rudi Carrell kokettiert dagegen gerne mit seinem Alter, seiner Langsamkeit oder mit dem Wohnwagen-Image seiner holländischen Landsleute.

Übung: Wer bin ich?

Die folgende Übung soll Ihnen helfen, mehr Klarheit darüber zu bekommen, wer Sie sind, was Sie ausmacht und welche Ansatzpunkte für Gags Ihre Person bietet.

Die folgenden Fragen beziehen sich auf:
▶ Negative Charaktereigenschaften
▶ Einzigartige Merkmale
▶ Offensichtliche körperliche Eigenschaften
▶ Sachen, die Sie hassen
▶ Sachen, die Sie beunruhigen
▶ Sachen, vor denen Sie sich fürchten

Wie Sie dieses Wissen über sich selbst später für Ihre Gag-Fabrikation nutzen können, verdeutlicht ein Beispiel von Judy Carter. Sie berichtet von dem Fall einer Komikerin mit Hörproblemen, die aus diesem Handikap folgenden Gag machte:
  „Ich hatte in den letzten zweieinhalb Jahren nicht eine Verabredung – vielleicht liegt es daran, dass ich nie das Telefonklingeln höre."

Wenn Sie nun die folgenden Fragen beantworten, seien Sie ehrlich zu sich selbst. Urteilen Sie nicht über sich und versuchen Sie auch nicht, witzig zu sein. Dazu ist es noch zu früh. Später erfahren Sie, wie Sie durch die Anwendung verschiedener Regeln eine Information witzig machen.

Außerdem gilt, dass die Wahrheit meistens schon unterhaltsam genug ist.

Frage 1: Welche Schwächen habe ich?

Vermeintliche Schwächen sind wichtige Ansatzpunkte für Gags. Jeder von uns hat irgendwelche psychologischen Eigenschaften, Charakterdefizite oder Verhaltensweisen, die ihm unangenehm sind. Sind Sie ein maßloser Esser, ein Egoist oder ein Bummler?

Notieren Sie hier, was die Punkte sind, die Ihnen immer wieder von Ihrer Umwelt zurückgespiegelt werden? Es müssen negative Eigenschaften sein, die aus Sicht Ihrer Mitmenschen glaubwürdig, echt, authentisch und überzeugend sind. Sonst entwickelt sich ein Widerspruch zu Ihren Zuhörern.

_____

_____

Frage 2: Was macht Sie einmalig?

Gibt es irgendwas, was Sie einmalig macht? Haben Sie eine ungewöhnliche Beschäftigung, eine außergewöhnliche Religion oder irgendein Handikap? Schreiben Sie diese Punkte auf.

_____

_____

Frage 3: Was ist offensichtlich an meinem Aussehen?

Schreiben Sie auf, was Menschen bei Ihnen als erstes ins Auge springt. Sind Sie dick, dünn, haben eine große Nase? Es kann so etwas Einfaches sein wie Ihr Haar. Vielleicht haben Sie eine üppige Haarpracht. Was immer es für Merkmale sind, sie müssen sofort ersichtlich sein. Die beste Informationsquelle dazu sind fremde Leute – weil diese im Prinzip in der gleichen Situation sind wie das Publikum.

Ein Beispiel für ein sehr auffälliges Aussehen ist der Comedian Martin Schneider aus Hessen, genannt *„Maadin"*. Er ist sehr groß, wirkt ein bisschen schlaksig, hat einen langen Hals und einen wirklich überdimensional großen Mund.

_____

_____

Diese Merkmale Ihres eigenen Aussehens sind für sich allein genommen nicht komisch, aber Sie dienen als Sprungbrett für einen komischen Beitrag. Wenn es hierzu bei Ihnen keinen Ansatzpunkt gibt, geht es Ihnen wie den meisten Menschen, die keine hervorstechenden äußerlichen Merkmale haben.

Frage 4: Was bewegt mich in meinem Inneren?

Was bewegt Sie im Inneren? Was hassen Sie? Was beunruhigt Sie? Wovor fürchten Sie sich? Schreiben Sie auf, mit welchen Themen Sie sich im Alltag beschäftigen. Über welche Beziehungen denken Sie nach?

_____

_____

3.3   Originell sein

Um wirklich erfolgreich zu sein, ist es nicht nur wichtig, einen klar identifizierbaren Stil zu haben, sondern darüber hinaus einen originellen Stil. Denken Sie an den Newcomer *Kaya Yanar*, der mit seiner so genannten Ethno-Comedy interkulturelle Witze in der SAT1-Sendung *„Was guckst du?!"* reißt und damit im Jahr 2001 schlagartig ein ganz neues Thema platzierte und bekannt machte. Er konnte diese Lücke schließen, weil er selbst halb arabischer und halb türkischer Abstammung ist und ihm deshalb Witze über Ausländer nicht übel genommen werden.

Oftmals kursieren in Vorträgen oder Seminaren die gleichen Geschichten aus den gleichen Büchern – Austauschbarkeit total.

Kopieren Sie nicht, sondern bemühen Sie sich um Einzigartigkeit.

Deshalb ist es wichtig, dass sich Ihre Jokes klar von denen anderer Präsentatoren unterscheiden. Dementsprechend sollte es auch Ihr Stil und Ihre Darstellung sein. Nur wenn Sie anders als die anderen sind, fallen Sie auf. Wichtig ist, hier eine positive Originalität zu schaffen, die mit der Seriosität des Business- bzw. Weiterbildungsbereichs zusammenpasst.

Durch Originalität kann man sich leichter an Sie erinnern. Ihre Originalität ist das Markenzeichen. Es sagt ganz schnell ganz viel über Sie und Ihre Darbietung aus. Namen vergisst man häufig leichter als eine typische Darbietungsart.

Präsentieren Sie sich aufmerksamkeitsstark und wiedererkennbar als Marke.

Franz-Rudolf Esch schreibt in seinem Buch *„Strategie und Technik der Markenführung"*, dass die ständige Kommunikationsflut dazu führt, dass Konsumenten zu Informationspickern werden und leicht verdauliche Informationen bevorzugen. Bildliche Informationen haben dabei den Vorrang. Diese Informationsüberlastung trägt dazu bei, dass 98 Prozent der dargebotenen Informationen ungenutzt im Müll landen.

Um sich wirkungsvoll am Markt durchzusetzen, gilt es also, sich als Marke aufmerksamkeitsstark, plakativ und bildhaft zu präsentieren. Kurzum, durch Ihre originelle Art der Präsentation.

Daraus folgt: Wenn Sie einzigartig sind, müssen Sie nicht den Vergleich mit anderen scheuen. Machen Sie deshalb nicht die Leute nach, die Sie mögen, sondern entwickeln Sie Ihren eigenen Stil.

Ideal ist es natürlich, wenn Sie einen Stil haben, der etwas repräsentiert, was es bisher noch nicht zu sehen oder zu hören gab. Originalität kann auch bedeuten, vorhandene Ideen, Stile aufzufrischen bzw. mit neuen Gedanken zu versehen. Oder Sie verbinden Dinge, die bereits existieren, zu etwas, was es bislang noch nicht gibt und somit einzigartig ist.

Originalität zwingt Sie auf der anderen Seite, härter als andere zu arbeiten. Denn Sie haben zunächst nichts, worauf Sie zurückgreifen können.

Originalität hat ihren Preis.

Doch eines sollte Ihnen bewusst sein: Je neuartiger und origineller Ihre Ideen oder Ihre Art sind, desto größer ist auch die Gefahr, dass Sie nicht von Ihrer Umgebung akzeptiert werden, weil Sie über bisherige Denkkategorien hinausgehen. *Siegfried Preiser* und *Nicola Buchholz* weisen in ihrem Buch „Kreativität" darauf hin, dass außergewöhnliche Ideen manchmal deshalb nicht akzeptiert werden, weil sie Denkgewohnheiten verletzen und alle vorhandenen Maßstäbe sprengen.

Hier das Maß der Dinge zu finden, gleicht dem Lauf einer Maus im Labyrinth, die ihren Weg zum Käse nach dem Prinzip „Versuch und Irrtum" sucht.

Denn das wichtigste Prinzip bei allen kreativen und neuartigen Produkten ist am Ende die Akzeptanz durch die entsprechende Zielgruppe.

Übung: Was ist meine Originalität?

Durch welche Art und Weise, durch welchen Witz, durch welchen Einfallsreichtum zeichnen Sie sich aus? Was ist Ihre ganz persönliche Komik? Was ist typisch für Sie?

Jeder von uns hat einen Persönlichkeitsteil in sich, den man den „Komiker" oder „Entertainer" nennen könnte. Bei manchen Menschen ist dieser Teil sehr gut entwickelt. Vielleicht kennen Sie Leute, die allein durch ihr Auftreten, durch ihre (Körper-) Sprache oder ihr Naturell schon einen Unterhaltungswert haben.

Sollte Ihr „innerer Komiker bzw. Entertainer" bislang eher ein Schattendasein geführt haben, müssen Sie diesen erst einmal zutage fördern. Entdecken Sie ihn mit folgenden Fragen. Denken Sie nicht zu lange nach, sondern nehmen Sie die erste spontane Idee, die Ihnen zu den Fragen einfällt.

Wenn Sie sich vorstellen, es gäbe einen Teil in Ihrer Persönlichkeit, der für Komik, Entertainment und Humor zuständig ist,

▶ wo in Ihrem Körper wäre er zu Hause?
(z.B. im Kopf, im Bauch?)

_____

▶ welchen Namen hätte dieser Teil von Ihnen?

_____

▶ welches Bild kommt Ihnen dazu schlagartig in den Sinn?

_____

▶ woran erkennen Sie im Alltag, dass dieser Teil bei Ihnen aktiv ist? Wie verhalten Sie sich? Wie denken Sie?

_____

▶ auf welche Weise kommen Sie in den Zustand, in dem Ihr Komiker bzw. Entertainer optimal aktiv ist?

_____

Beispiel

Der Teil für Komik, Humor, Lachen ist bei mir im Bauch angesie-
delt. Der Teil heißt bei mir *„Richard Schwein"*. Es handelt sich
dabei um eine kleine Schweinchen-Figur aus meiner Kindheit. Diese Figur hat mich mit 14 Jahren über eine sehr lange Zeit inspiriert, Cartoons zu malen, Geschichten zu schreiben oder für mich
persönlich Comedy-Shows zu produzieren. Ein Beispiel stelle ich
Ihnen hier vor.

*Richard Schwein –
Ausdruck meiner
Inspiration.*

Schlüssel verloren

*Ich bin durchgefroren
und steh' vor der Tür,
hab' den Schlüssel verloren,
so was passiert nur mir!*

*Mein Frau ist nicht da,
endlich nach Jahren,
dass ich in der Kneipe war,
darf sie niemals erfahren.
Als der Schlüsseldienst kommt an,
seh' ich, wie sich was tut,
einen Hammer nimmt der Mann
und haut das Schloss kaputt.*

*Da ertönt lautes Schreien,
drinnen her vom Flur,
ob da Einbrecher seien,
doch ich bin es nur.*

*Ich seh' die Nachbarin,
ihr Blick ist leer,
das ist ja 'n Ding,
wie kommt die denn hierher?*

*Das Türschild sagt mir,
und zwar ganz offen
ich bin falsch hier,
wohl doch 'n bisschen besoffen.*

„Wieso passt denn der verdammte Schlüssel nicht?"

Wenn ich an Richard Schwein denke, komme ich automatisch in einen Zustand ähnlich wie in meiner Jugend, in dem ich einfach „losphantasiere". Ich kann mir erlauben, albern zu sein. Ich denke nicht darüber nach, ob jemand die Ideen gut findet, sondern lasse meinen „komischen Gedanken" freien Lauf. Das ist dann meine spezielle Art von Humor und meine spezielle Art, die Welt zu sehen und zu kommentieren, die dabei zu Tage tritt.

In der heutigen Zeit fällt es mir mitunter schwer, diesen unbeschwerten „Richard-Schwein-Zustand" aus der Jugend hervorzurufen, weil ich viel mehr auf eine optimale Wirkung bedacht bin. Heute geht es stärker darum, in kurzer Zeit gute Ideen zu finden, die positiv beim Publikum ankommen. In den Momenten hilft mir, mich gedanklich zurückzuversetzen und an „Richard Schwein" zu denken. Nur dann gelingt es, ganz bei mir selbst zu sein und das Umfeld zu vergessen.

Testen Sie die eigene Originalität. Wenn Sie die eigene Originalität stärker zu Tage gefördert haben, gilt es im nächsten Schritt herauszufinden, was davon gut bei Ihren Mitmenschen ankommt. Denn nur, wenn etwas gut ankommt, lohnt es sich, weiterhin Zeit, Geld und Energie zu investieren.

Stellen Sie sich aus diesem Grund folgende Frage:

Übung: Wie komme ich bei anderen an?

Worin genau sehen Sie Ihre Originalität und wie kommt diese bei Ihren Mitmenschen an?

Wenn Sie glauben, Ihre besondere Originalität identifiziert zu haben, beobachten oder befragen Sie Ihre Mitmenschen, ob diese das ebenso wahrnehmen. Fangen Sie am besten mit Personen an, denen Sie Vertrauen entgegenbringen.

► Skizzieren Sie Ihre eigenen Eindrücke und die unterschiedlichen Feedbacks, die Sie erhalten.

38

Übung: Die eigene Originalität als Marke

Wie man eine eigene Marke aufbaut, beschreibt *Franz-Rudolf Esch* detailliert in seinem Buch *„Strategie und Technik der Markenführung"*. Einige Leitfragen dazu möchte ich Ihnen an dieser Stelle nennen, damit Sie sich erste Gedanken zu Ihrer eigenen Originalität als „Marke" machen können.

▶ Wer ist Ihre besondere Zielgruppe?

_____

▶ Was sind die wichtigen Bedürfnisse Ihrer Zielgruppe?

_____

▶ Was sollen die spontanen Gedanken und Assoziationen Ihrer Zielgruppe sein, wenn diese an Sie als Person denken? (Bsp: Wenn wir an Paris denken, öffnen wir eine Schublade in unserem Kopf mit gedanklichen Verknüpfungen zu Paris wie dem Eiffelturm, dem Louvre, dem Champs-Elysées usw.)

_____

▶ Welche Emotionen sollen mit Ihnen als Person verknüpft sein? (Die Kennzeichen starker Marken sind vor allem emotionale Inhalte, die man mit diesen verbindet.)

_____

▶ Welche Assoziation(en) sollte(n) allein nur mit Ihnen als Person verknüpft sein? (Starke Marken sollten über möglichst viele einzigartige Assoziationen verfügen.)

_____

Übung: Die eigene Originalität als Marke (Forts.)

▶ Welche Bilder bzw. nonverbalen Inhalte (Farben, Klänge, Gerüche...) sollten unmittelbar mit Ihnen als Person verknüpft sein? (Je lebendiger und klarer die Vorstellungsbilder sind, desto besser können sich Menschen an Sie erinnern.)

_____

▶ Wie viele verschiedene Assoziationen sollen Ihrer Zielgruppe zu Ihrer Person in den Sinn kommen und wie sind diese Assoziationen miteinander verbunden? (Starke Marken verfügen in der Regel über mehr Assoziationen als schwache Marken. Wichtig ist jedoch hierbei, dass diese Vorstellungen stark miteinander vernetzt sind.)

_____

▶ Inwiefern sind die Assoziationen mit positiven Gefühlen Ihrer Zielgruppe verbunden? (Starke Marken müssen vor allem positive Gefühle wecken.)

_____

▶ Inwiefern hängen alle Assoziationen (Gedanken, Emotionen) genau mit den Bedürfnissen Ihrer Zielgruppe zusammen? (Die Markenassoziationen müssen Kundenbedürfnisse treffen und für diese wichtig sein.)

_____

3.4 Wissen und Erfahrungen der Zielgruppe beachten

Im gesamten kreativen Prozess des Comedy-Writing schwingt stets das Wissen um die Zielgruppe mit, für die der Gag gedacht ist. Wie bereits im *Kapitel 2.5* kurz angesprochen, gilt als oberste Regel:

Ihre Zuhörer lachen nur über Gags, wenn sie diese aufgrund ihres Wissens und ihrer Erfahrungen verstehen und akzeptieren.

Die alles entscheidende Frage ist: Was weiß Ihr Publikum und was akzeptiert es? Wenn es Ihnen gelingt, einen Joke zu kreieren, der Ihre Zielgruppe genau anspricht, dann ernten Sie anerkennende Lacher.

Wie gut kennen Sie Ihre Zielgruppe?

Wie wichtig das Wissen der Zielgruppe für das Verständnis eines Gags ist, sollen folgende zwei Beispiele illustrieren:

Harald Schmidt plauderte über das Verhältnis von USA und Polen wie folgt:
Die besten Freunde der USA in Europa sind die Polen. Herzlichen Glückwunsch unseren polnischen Nachbarn, mit denen wir seit vielen Jahrzehnten mittlerweile ein sehr friedliches Verhältnis pflegen. Der beste und wichtigste Freund der USA in Europa! Das war nicht immer so! Sie erinnern sich – den Vorgänger von George Bush, Bill Clinton, habe ich selten von Polen reden hören. Das einzige war der Name „Lewinsky".

Den Witz kann man nur verstehen, wenn man von der Affäre zwischen der Praktikantin Monika Lewinsky und dem früheren Präsidenten der USA, Bill Clinton, gehört hat.

Genauso verhält es sich mit dem Gag von *Michael Mittermeier*, der sagt:
... und ich habe in der Zeitung gelesen, man kann sich Bio-Waffen selbst bauen und zwar nur aus Bestandteilen, die man im OBI-Baumarkt oder in Heimwerkerläden kriegt. Booh – Jean Pütz könnte die Welt beherrschen!

Viele werden fragen: *„Wer ist Jean Pütz?"* Nur wer den schnurrbärtigen Bastler mit der wuscheligen Frisur aus der WDR-Sendung „Hobbythek" kennt, kann den Witz verstehen.

In Hinblick auf die Akzeptanz von Gags lesen Sie den folgenden Joke von *Kaya Yanar*. Wie gefällt er Ihnen? Ist das Ihre Art von Humor?

> *Der Kinderglaube an den Osterhasen kann auch manchmal zu Missverständnissen führen.*
>
> *(Mit höherer Stimme der Mutter gesprochen): „Na Kevin, hast du denn schon deine Ostereier gefunden?"*
>
> *(Mit quäkiger Kinderstimme): „Ja Mama, die waren im Hasenstall, ganz viele kleine braune, die habe ich alle gegessen."*
>
> *(unterstützt mit der Geste des In-den-Mund-Steckens)*

Wie würde Ihre Zielgruppe Ihre Gags bewerten?

Zu welcher Bewertung sind Sie gekommen?
▶ Geschmacklos?
▶ Wirklich amüsant?
▶ Verletzend?
▶ Eklig?
▶ Langweilig?
▶ Voll aus dem Alltag gegriffen?
▶ ...

Oder was halten Sie von folgenden zwei Beispielen?

Gaby Köster (in der RTL-Serie „7 Tage, 7 Köpfe") bezieht sich auf eine Schlagzeile in der Bildzeitung:

> *„Naddel lässt ihre Busen wiegen." Ja, und das Ergebnis des Möpsewiegens – das steht auch schon fest. Jeder ihrer Hüpfbälle wiegt 1.350 (Pause) – aber nicht Gramm, sondern 1.350-mal soviel wie ihr Gehirn.*

Diese Art Humor ist aus meiner Sicht zweifelhaft, weil sie fast wie Rufmord anmutet. Denn es wird auf der Ex-Gefährtin von Dieter Bohlen (Begründer der Pop-Gruppe Modern Talking) auf ordinäre und herablassende Weise herumgehackt.

Genauso gern als Opfer genommen wird Jenny Elvers, die Ex des „Big-Brother-Bewohners" Alexander Jolig. Dazu äußert sich *Mike Krüger (RTL-Serie „7 Tage, 7 Köpfe")* anhand eines Fotos, auf dem Jenny Elvers leicht bekleidet posiert:

> *Unsere Heidekönigin Jenny Elvers ist wieder im Geschäft. Sie hat sich für die Zeitschrift „Max" so lange fotografieren lassen, bis die Heide wackelte.*
>
> *Das hätte sie sich auch sparen können. Es haben nämlich schon viel mehr Männer Jenny nackt gesehen als die Zeitschrift Leser hat.*
>
> *Aber OK – in dem dazugehörigen Interview stand: „Jenny ist die Queen Mum aller Luder." Was ist denn das für ein bescheuerter Vergleich? Die eine ist fröhlich, locker, auf allen Partys unterwegs, unwahrscheinlich gut angesehen und die andere ist Jenny Elvers.*
>
> *Ich meine, Jenny hat einen großen Fehler gemacht. Erst mal – wenn man ihren Busen sieht, da denkt man immer: Hey, ihr Sohn, der hat beim Stillen nicht gesaugt, sondern gepustet …*

Auch hier finden Sie, wie im vorigen Beispiel, die Kombination von schlüpfrigem, angriffsfreudigem Humor gepaart mit einer Prise Wahrheit in Bezug auf die Oberweite und die Selbstdarstellungsneigung von Jenny Elvers.

Was glauben Sie? Würden diese Jokes vor einem Publikum von pensionsverdächtigen Religionslehrern standhalten?

Die Akzeptanz von Beiträgen kann aber auch die Art der Jokes betreffen. Wirken sie zu sehr konstruiert, zu weit hergeholt, zu unlogisch oder einfach zu schrill, dann wendet sich das Publikum ebenfalls ab.

Die Beispiele machen deutlich, dass nicht jeder Joke für jedes Publikum geeignet ist. Sie müssen den genauen Bezugsrahmen des Publikums kennen. Je besser Sie Ihre Zielgruppe kennen, umso eher wird Ihnen klar, womit Sie diese amüsieren können. Eine hundertprozentige Garantie gibt es jedoch auch dann nicht. Es ist allerdings umso leichter, je mehr Erfahrungswerte Sie haben. Doch im Endeffekt zeigt erst die Generalprobe vor einem Publikum, ob ein Gag einen Lacher bringt oder nicht.

Nicht jeder Joke eignet sich für jedes Publikum.

Um möglichst sicher sein zu können, dass die entwickelten Gags wirklich zum aktuellen Bezugsrahmen Ihres Publikums passen, ist es wichtig, Ihr Material mit so vielen Leuten wie möglich zu testen und herauszufinden, was ankommt und was nicht.

Bedenken Sie auch, dass sich der Wissensstand Ihres Publikums stets im Wandel befindet: Neue Informationen werden verfügbar, alte Informationen geraten in Vergessenheit. Wenn Sie z.B. an den oben erwähnten Gag über Jean Pütz denken, stellt sich die Frage, wie lange der Mann noch bekannt ist. Um letztlich Erfolg zu haben, gilt es, populär zu sein. Damit ist gemeint, dass Ihr Humor eine Mehrzahl von Zuhörern anspricht.

So bleiben Sie mit Ihrer Zielgruppe auf Tuchfühlung:

Im Zusammenhang mit dem Thema „Zielgruppe" sind folgende Regeln hilfreich:

▶ **Halten Sie Gags aktuell:** Mitunter lassen sich Gags mehrfach verwenden, wenn man sie leicht abändert, z.B. indem man Namen austauscht usw.

▶ **Seien Sie unparteiisch:** Achten Sie darauf, dass Sie z.B. mit Formulierungen arbeiten wie: „Es gibt Gerüchte ...", „Einige Leute sagen ...", „Einige Menschen wünschen sich ...", „Einige Leute hoffen ...". So greifen Sie keine Personen direkt an.

▶ **Wecken Sie Emotionen, statt mittelmäßig zu sein:** Vermeiden Sie Mittelmäßigkeit. Wenn Sie nur auf Humor setzen, der ganz sicher und völlig harmlos ist, wenn Sie gegen nichts offensiv werden, berühren Sie niemanden. Damit Ihr Humor Ihr Publikum bewegt, gilt es auch, etwas zu riskieren!

▶ **Bieten Sie ein gemeinsames Feindbild:** Stellen Sie sich vor, Sie würden eine Geschichte über Versicherungsleute erzählen. Im Publikum sitzen Personen, die gleichsam alle „Opfer" dieser Berufsgruppe sind. In diesem Fall vereinen Sie sich gegen den „gemeinsamen Feind" der „Versicherungsleute". Das Publikum wird Ihre Gags leicht akzeptieren. Aber wehe Ihnen, es sitzt ein Versicherungsmann im Publikum, der sich von Ihnen auf „den Schlips getreten fühlt".

3.5 Die Gesetze kreativen Arbeitens

Lernen Sie nun ein paar wesentliche Grundlagen des kreativen Arbeitens, den idealtypischen Ablauf von kreativen Prozessen, die Prinzipien, auf denen Kreativität aufbaut, und natürlich eine ganze Reihe von erprobten Kreativitätstechniken kennen. Sie werden wahrscheinlich nicht mit allen angebotenen Vorschlägen arbeiten können, sollten aber die zwei bis drei Techniken herausfiltern, die Ihren Kreativprozess besonders gut unterstützen helfen.

3.5.1 Die Grundlagen

Siegfried Preiser und *Nicola Buchholz* beschreiben in ihrem wissenschaftlich fundierten und praxisorientierten Buch mit dem Titel *„Kreativität"* die Grundlagen für kreatives Arbeiten.

Im Folgenden stelle ich Ihnen die Punkte vor, die ich für das Comedy-Writing als besonders nützlich empfinde. Wer sich darüber hinaus für Feinheiten in dieser Thematik interessiert, dem empfehle ich, das Buch komplett zu lesen.

Die Autoren beschreiben sieben Schritte, die bei jedem kreativen Prozess durchlaufen werden, entweder bewusst und geplant oder unbewusst und intuitiv. Dieses Stufenprogramm muss dabei nicht systematisch durchlaufen werden, sondern soll Ihnen lediglich helfen, Anregungen zu bekommen.

Die sieben Schritte eines kreativen Prozesses.

Der kreative Prozess in 7 Stufen

Stufe 1 ▶ Offen auf die Welt zugehen
Stufe 2 ▶ Probleme analysieren und Ziele klären
Stufe 3 ▶ Informationen bereitstellen
Stufe 4 ▶ Auf Distanz gehen
Stufe 5 ▶ Einfälle entwickeln
Stufe 6 ▶ Ideen bewerten und auswählen
Stufe 7 ▶ Ideen verwirklichen

Fähigkeiten der Person

Preiser und Buchholz gehen von verschiedenen persönlichen Voraussetzungen aus, die bestimmen, wie kreativ jemand ist. Dazu gehören u.a. Fähigkeiten wie

Die persönlichen Voraussetzungen für kreatives Denken.

▶ möglichst viele Gedanken und Ideen in kurzer Zeit zu produzieren,

▶ in unterschiedliche Richtungen und aus verschiedenen Perspektiven zu denken,

▶ Gegenstände und Informationen in völlig neuer Weise zu sehen, anzuordnen und zu nutzen,

▶ ungewöhnliche, d.h. einmalige, seltene, ausgefallene oder besonders treffende, clevere Einfälle zu haben,

▶ sich von der normalen bzw. üblichen Bedeutung von Situationen und Funktionen lösen zu können.

Gerade für das Comedy-Schreiben sind Kreativitätstechniken nützlich. Das sind Arbeitsmethoden, die den Ablauf kreativer Prozesse stimulieren oder regeln. Sie unterstützen die Entwicklung möglichst zahlreicher und unterschiedlicher Ideen. Sie dienen dazu, das Blickfeld zu erweitern. Das Ziel ist, von eingefahrenen Denkbahnen und ungewollten Blockierungen wegzukommen und neue Ansatzpunkte zu erkennen.

Fünf Prinzipien von Kreativitätstechniken

So fördern Sie die Kreativität:

Die wichtigsten Kreativitätstechniken lassen sich auf fünf Prinzipien der Kreativitätsförderung zurückführen.

▶ **Freie Assoziation:** Es wird ermutigt, Einfälle frei und unzensiert zu äußern. Alle Gedächtnisinhalte und äußeren Eindrücke, die in irgendeiner Weise mit dem Thema assoziiert werden, sind erlaubt – auch wenn auf den ersten Blick kein logischer Zusammenhang erkennbar ist.

▶ **Bildhaftigkeit:** Willkürliche oder gezielt ausgesuchte Bilder werden mit einer Problemsituation verknüpft, um neue Sichtweisen und originelle Lösungsansätze zu gewinnen.

▶ **Analogien:** Analogien sind Vorgänge, Tatbestände oder Bilder, die aus einem anderen Zusammenhang auf die Problemsituation übertragen werden.

▶ **Verfremdung und Zufallsanregung:** Zufällig gefundene oder zusammengestellte Begriffe werden mit dem Problem in Beziehung gesetzt. Aus deren Beschreibung, aus ihren Kombinationen oder aus weiterführenden Assoziationen werden Lösungsansätze gewonnen.

▶ **Systematische Variation:** Grundlegende Faktoren oder Elemente der Problemsituation oder bisheriger Lösungsansätze werden aus dem Zusammenhang gelöst und systematisch verändert. Dadurch wird die Vielfalt möglicher Lösungen erweitert.

Typische Fehler beim kreativen Prozess vermeiden

Es gibt einige typische Fehler, die sich bei der Ideensuche einschleichen können: Die Einfälle werden gleich schon kritisch bewertet. Außerdem werden Ideen nur so lange generiert, bis die erste zufriedenstellende Idee gefunden ist. Nur diese wird ausgearbeitet. In der Folge werden nur Informationen berücksichtigt, die die gewählte Lösung unterstützen. Das ist nicht sinnvoll, weil Sie sich zu früh festlegen.

Deshalb gilt: Beziehen Sie bei der Entwicklung von Ideen möglichst unterschiedliche Bereiche mit ein. Finden Sie so viele Ideen wie möglich und bewerten Sie diese erst zum Schluss.

Haben Sie Spaß daran, gedanklich „herumzuspinnen" und viele Ideen zu entwickeln. Machen Sie sich frei von der Absicht „gute Gags" zu produzieren, um ein Publikum zu begeistern. Machen Sie es wie ein Kind, das ganz in Aktivitäten aufgeht, ohne damit ein Ziel erreichen zu wollen.

Schränken Sie sich nicht ein und haben Sie den Mut, frei herumzuspinnen.

3.5.2 Kreativitätstechniken

Im Folgenden biete ich Ihnen zwölf verschiedene Kreativitätstechniken an. Die vorgestellten Techniken sind dem Buch von *Preiser & Buchholz* entlehnt. Sie werden Ihnen helfen, Ihre kreative Fähigkeit zu fördern und leichter auf Ideen zu kommen. Finden Sie heraus, welche Technik(en) für Sie am besten geeignet sind. Für einige Techniken, die nicht so bekannt sind, finden Sie auf den nächsten Seiten Beispiele.

Freies Assoziieren

Spontan und wertfrei Einfälle sammeln.

Freies Assoziieren bedeutet, völlig wertfrei alle spontanen Einfälle zu einem Thema oder Stichwort zu notieren oder auf Tonband zu sprechen.

Assoziationen sind im Gedächtnis miteinander verknüpfte Begriffe oder Erinnerungen. Am Anfang fallen Ihnen natürlich die nächstliegenden Assoziationen ein, die alles andere als originell sind. Aber je mehr Assoziationen Sie sammeln, desto „entferntere", ungewöhnlichere oder weiter hergeholte Einfälle kommen Ihnen in den Sinn.

Wichtig ist dabei, sich nicht etwa zu konzentrieren, sondern sich gedanklich einfach treiben zu lassen. Sie werden erstaunt sein, was Ihnen beim Niederschreiben der Assoziationen blitzartig durch den Kopf geht.

So spornen Sie sich an:

Wenn Sie merken, dass Sie zu verkrampft an die Sache herangehen oder schon gleichzeitig Einfälle bewerten, machen Sie sich einen Sport daraus:

> „Ich will in den nächsten drei Minuten so viele Einfälle wie möglich finden."

Wenn Sie sich in der Weise selbst anspornen, kommen Sie ganz automatisch auf eine Menge Einfälle – gerade auch auf solche, die Sie sonst vielleicht aussortiert hätten.

„Freies Assoziieren" klingt leichter als es ist. Denn gerne mischt sich unser „innerer Zweifler" ein und fängt an, Einfälle sofort zu bewerten und als „schlecht" zu verurteilen. Durch die hohe Erwartungshaltung ergibt sich aber bald keine gute Idee mehr, sondern in der Regel nur eine „freundliche" Denkblockade.

Deshalb gilt: Sprudeln Sie einfach drauflos, was Ihnen zum ausgewählten Thema einfällt. Ich persönlich finde es am leichtesten, mit einem Diktiergerät in der Hand durch die Gegend zu gehen (egal, ob im Wohnzimmer oder im Wald). Durch die Bewegung fließen die Ideen leichter.

Vielleicht fällt es Ihnen aber auch leichter, einfach alle Ideen niederzuschreiben.

Durch das freie Assoziieren von Ideen produzieren Sie Ihr Rohmaterial. Versuchen Sie an diesem Punkt nicht, witzig zu sein. Sie brauchen Ihre Einfälle zum Thema nicht zensieren, schreiben Sie einfach alles nur nieder oder nehmen Sie es auf. Einiges werden Sie später verwerten können, anderes nicht. Lassen Sie Ihrem Geist allen Freiraum.

Sie sammeln bloß Rohmaterial – Schränken Sie sich nicht ein!

Freies Assoziieren mit Liste

Die strukturierte Version des freien Assoziierens bringt Sie dazu, einen Prozess zu durchlaufen.

Wiederholte Sammlung von Ideen mit Hilfe von Listen.

Durchgang 1: Fertigen Sie eine Tabelle mit sechs bis zehn Spalten an. Schreiben Sie zu Ihrem Thema in Spalte 1 untereinander 20 Stichworte, die Ihnen spontan einfallen *(siehe Beispiel Spalte 1)*.

Durchgang 2: Dann bearbeiten Sie die Aufgabe nochmals. Schreiben Sie in die zweite Spalte neue Einfälle. Achten Sie darauf, dass Sie kein Wort verwenden, was Sie schon aufgeschrieben haben.

Weitere Durchgänge: Im dritten, vierten und fünften Durchgang schreiben Sie Ihre Einfälle in die dritte bis fünfte Spalte. Steigern Sie das Ganze, indem Sie bis zu zehn Durchgänge machen, und achten Sie darauf, kein Wort bzw. keinen Gedanken zweimal zu verwenden.

Beispiel freies Assoziieren mit Liste: Thema „Konflikte"

Spalte 1	Spalte 2	Spalte 3	Spalte 4	Spalte 5	Spalte 6
Unangenehm	Schreien	Störung	Bedrückend	Beklemmend	Emotionen
Streit	Aus der Wohnung	Wegen Kleinigkeiten	Lautstark	Unvereinbare Standpunkte	Impulsiv
Haue	Blaues Auge	Brutaler Ehemann	Ordinär	Worte fehlen	Frauenhaus
Lösung	Kompromiss	Jeder muss wollen	Dauert Zeit	Zuversicht	Testen
Chance	Win-Win	Ehe das Fass voll ist	Offen darüber sprechen, was stört	Danach wird alles besser	Hineinversetzen
Stress	Magen-beschwerden	Kopfschmerzen	Keine Ahnung, wie man handeln soll	Adrenalin	Unterbrechung laufender Handlungen
Beziehung	Mann und Frau	Distanz	Ehe bricht	Single-Ball	Tod
Alltag	Unordnung	Nicht richtig eingekauft	Falsches Wort	Typbedingt	Nichts Neues
Vermeidung	Aussitzen	Schweigen	Angst	Leicht	Aufs Klo gehen
Gewitter	Reinigung der Luft	Blitz und Donner	Donnerwetter	Heftig	Naturereignis
Rosenkrieg	Auf dem Kronleuchter sitzen	Film	Teufelskreis	Eskalation	Mediator
Geschwister	Liegen sich in den Haaren	Alle in einem Zimmer	Abstand bekommen	Frieden	Zwillinge
Pubertät	Pickel	Sinnkrise	Abgrenzung	Gegen Eltern auflehnen	Britney Spears
Harmonie	Trügerisch	Schön	Friede, Freude, Eierkuchen	Ruhe	Harfe
Desperado	Kampf	Fürchtet nichts	In die Wüste schicken	Überlebens-strategie	Die Daltons
Psychose	Keine Lösung	Irre werden	Irrenhaus	Weiße Mäuse sehen	Medikamente
Normal	Wie oft?	Positive Haltung	Normalver-teilungskurve	Im Vergleich zu wem?	08/15
Kollegen	Rollenklärung	Im Büro	Wie Raubtiere	Feinde	Zusammenarbeit
Mobbing	Fertig machen	Fieser Zug	Systematik	Halbes Jahr lang	Kleiner Anlass
Vertragen	Hand schütteln	Vergessen	Freundschaft	Vergeben	Bereitschaft

Brainstorming

Brainstroming ist die bekannteste Standardtechnik zur kreativen Ideenproduktion. Sie ist besonders für die Arbeit in Gruppen gedacht, aber auch in Einzelsituationen nutzbar. Es gelten dabei als Regeln:

Ideensammlung in der Gruppe.

▶ **Menge vor Qualität:** Äußern Sie jeden Einfall, der Ihnen durch den Kopf geht. Auch wenn er Ihnen unsinnig erscheinen mag. Quantität geht bei der Ideenproduktion vor.
▶ **Keine Kritik:** Jede Kritik an Ideen wird grundsätzlich ausgeschlossen. Akzeptieren Sie jeden Vorschlag, auch wenn er unbrauchbar oder unrealistisch erscheinen mag.
▶ **Weiterführung:** Nutzen Sie alle Beiträge als Denkanstoß für weiterführende Ideen. Verändern Sie Ideen und kombinieren Sie diese mit anderen Einfällen.

Darüber hinaus sind noch folgende Regeln hilfreich.

▶ **Knappheit:** Äußern Sie Ihre Einfälle in Stichworten oder in kurzen Sätzen. Vermeiden Sie nähere Erläuterungen und Detaildiskussionen.
▶ **Organisierter Unsinn:** Entwickeln Sie auch bewusst und ohne Hemmungen übersteigerte, unsinnig oder verrückt erscheinende Ideen.
▶ **Sich unterstützen:** Lassen Sie alle anderen auch zu Wort kommen. Alle sind gleichermaßen gefragt.
▶ **Vertrauensvolle, lockere Atmosphäre:** Tragen Sie zu einer entspannten, lockeren und fröhlichen Atmosphäre bei.

Nützlich finde ich auch, wenn man nicht auf einem Stuhl sitzt, sondern sich frei im Raum bewegen kann und seine persönliche „kreative Haltung" einnimmt, z.B. durch auf- und abgehen.

Die Analogie-Technik

Analogie heißt Entsprechung bzw. Ähnlichkeit von Dingen, Ideen, Problemstellungen und Personen. Gesucht werden Parallelen.

Parallelen suchen und finden.

51

Sammeln Sie zunächst Analogien zu Ihrem Thema. Die Leitfrage könnte beispielsweise lauten: *„Was ist so ähnlich wie ...?"*

Der Ameisenhaufen ist beispielsweise eine Analogie zum Großstadtverkehr. Oder machen Sie es wie der Comedian Dr. Eckard von Hirschhausen, der die Lehren des Buddhismus mit der Geschäftsphilosophie der Deutschen Bahn verbindet.

Überlegen Sie im nächsten Schritt, welche Analogien Sie am meisten beeindrucken und wie sie diese weiter verwerten können.

Visuelle Synthetik

Parallelen mit Hilfe von Bildmaterial finden.

Auch bei dieser Technik geht es um die Suche nach Parallelen. Mit Hilfe von zufällig ausgewähltem Bildmaterial erhalten Sie neue Ideen zu Ihrem Thema.

Wählen Sie zufällig und ohne lange zu überlegen zwei bis sieben Zeichnungen, Fotos, Gemälde, Skulpturen, Postkarten, Collagen oder Werbeanzeigen aus. Es ist unwichtig, ob ein thematischer Zusammenhang der Bilder untereinander oder ein Zusammenhang zum Thema besteht. Wählen Sie intuitiv aus.

Interpretieren Sie die ausgewählten Bilder nacheinander. Notieren Sie spontan alle Assoziationen, Phantasien, Emotionen, die Ihnen bei der Bildbetrachtung in Hinblick auf Ihr Thema in den Sinn kommen.

Beispiel: Thema Führung
Im Zusammenhang mit dem Thema Führung habe ich u.a. die aufgeführten Assoziationen zu dem jeweiligen Bild gehabt.

Der Affe
- ▶ Tieren wie dem Affen muss man genau sagen, wo es lang geht, sonst tanzen sie einem auf der Nase herum.
- ▶ Der Mensch stammt vom Affen ab.
- ▶ Manche brauchen keine Führung, die gehören hinter Gittern, damit sie spuren.
- ▶ Verschlagenheit ist das größte Führungsproblem. Mitarbeiter sagen nicht immer, was sie denken.

Beispiele

▶ Der Wärter muss der beste Freund des Affen sein, damit er gut mit ihm klarkommt.
▶ Gute Führung zeichnet sich durch guten Kontakt zum Mitarbeiter aus.
▶ usw.

Das Blumenfeld

Das Blumenfeld

▶ Jede Pflanze hat ihr eigenes Gesicht und braucht individuelle Pflege, genau wie Mitarbeiter.

▶ Pflanzen sagen nicht, was Sie brauchen, aber man sieht es ihnen an, ob sie Wasser oder Nahrung benötigen. Mitarbeiter sagen auch nicht immer, was los ist. Führung muss ein waches Auge haben und aktiv werden.

▶ So viele Blüten auf kleinem Raum. Da verliert man leicht die Übersicht. Es geht auch bei Führung darum, Ordnung zu schaffen, Klarheit zu geben.

▶ Manche Blumen sind deutlich größer als andere. Auch im Team gibt es Primaballerinen.

▶ Da ist eine ganz helle Blüte zu sehen. Die ist irgendwie merkwürdig. Solch ein Vorurteil fällt man auch schnell gegenüber unkonventionellen Mitarbeitern. Aber in Wirklichkeit sind vielleicht gerade sie die „Perlen", weil sie etwas Besonderes sind.

▶ usw.

Semantische Intuition

Getrennte Wortverbindungen ergeben neue Ideen. Die semantische Intuition ist eine Methode der Zufallsanregung. Neue Ideen und Lösungen sollen dadurch gefunden werden, dass bislang getrennte Gesichtspunkte miteinander verbunden werden. Auf diese Weise werden eingefahrene Denkbahnen überwunden. Notieren Sie alle Einfälle zu Ihrem Thema. Die Besonderheit ist, dass lediglich Substantive genannt werden dürfen. Zumindest sollten die Substantivnennungen überwiegen.

Beispiel: Thema Führung

▶ Mitarbeiter
▶ Konfliktgespräche
▶ Kinder
▶ Gruppendynamik
▶ Hafterleichterung (wegen guter Führung)
▶ Schwächling
▶ Alpha-Tierchen
▶ Indianerhäuptling
▶ Unterführung
▶ Stärke
▶ Dominanz

In der nächsten Phase kombinieren Sie die gefundenen Hauptworte willkürlich miteinander.

Substantiv 1	**Substantiv 2**
Mitarbeiter	Indianerhäuptling
Gruppendynamik	Unterführung
Alpha-Tierchen	Schwächling
Dominanz	Hafterleichterung
...	...

Durch die Wortverbindungen ergeben sich dann neue Ideen, wie z.B. dass es in einem Team nicht nur Indianerhäuptlinge geben darf, sondern es auch Indianer geben muss. Ergo: Es muss auch Leute geben, die die Arbeit machen, und nicht nur viele Führungskräfte. In zahlreichen Firmen gibt es Abteilungen, in denen zu viele Führungsebenen und zu viele Führungskräfte existieren.

Lexikonmethode

Bei der Lexikonmethode sollen neue Ideen dadurch gefunden werden, dass bislang getrennte Bereiche miteinander verbunden werden.

Neue Ideen durch Verbindung getrennter Themenbereiche.

Notieren Sie zunächst spontane Ideen zum Thema. Nehmen Sie dann ein Lexikon und schlagen Sie per Zufall eine Seite auf. Zeigen Sie dann willkürlich auf irgendeinen Artikel.

Sammeln Sie dann freie Assoziationen zu dem Lexikonartikel.

Beispiel: Thema Führung

Ich habe das medizinische Lexikon *„Psychrembel"* ausgewählt und bin per Zufall auf Seite 156 gegangen. Dort befand sind folgender Artikel zum Stichwort „Bluttransfusion", den ich blind ausgewählt habe:

Bluttransfusion (transfundere hinübergießen): Übertragung von Blut e. Menschen (Blutspender*) auf e. anderen Menschen (Empfänger) zur Bekämpfung von akut. und chron. Blutverlusten u. zwecks Zufuhr v. Eiweißkörpern (Verbrennungen, Schock, Kollaps in d. Chirurgie; Blut- u. Infektionskrankheiten in d. Inneren Medizin; Ernährungsstörungen u. Erythroblastosen in

*d. Pädiatrie); wichtiger Bestandteil d. Therapie seit der Kenntnis
d. Blutgruppen* durch Landsteiner.*

Dazu hatte ich folgende Assoziationen:
- Man muss die Blutgruppe wissen, um eine Transfusion zu machen.
- Ist lebensrettend, besonders nach schweren Unfällen.
- Blutspenden lohnt sich.
- Im Krankenhaus werden viele Blutkonserven benötigt.
- Manche Menschen finden es „komisch", wenn sie hören, dass sie das Blut von einem anderen Menschen im Körper haben.
- Blut ist Leben für unseren Körper.
- Sport hilft für eine bessere Durchblutung.
- Unsere Adern sind der unerlässliche Transportweg für Blut. Richtige Ernährung hilft, dass der Weg frei ist und es nicht zu Arterienverkalkung kommt.
- Bluthund. Der Name kommt nicht daher, weil der Hund so viel Blut in sich hat oder blutrot aussieht, sondern weil er bei der Jagd eingesetzt wird.
- Blutorange. Sie hat ihren Namen durch die rote Fruchtfleisch-färbung.
- Blutmangel.
- usw.

Stellen Sie nun einen Bezug her zwischen diesen Assoziationen und Ihrem eigentlichen Thema.

*Die Verknüpfung von
Bluttransfusion mit
Führung.*

Verknüpfung der Assoziationen zum Begriff „Bluttransfusion" mit dem Thema „Führung":
- Mitarbeiter sind wie die Adern in unserem Körper. Sie versorgen ein Unternehmen mit Blut, d.h. mit Energie.
- Es kommt auf die richtige Pflege an, damit das Blut gut fließt, d.h. Mitarbeiter gut ihre Aufgaben erfüllen.
- Wenn ein Mitarbeiter ausfällt, übernehmen die anderen Mitarbeiter seine Funktion so gut es geht. Es ist wie bei unserem Organismus. Führung hilft, dass diese Ausfälle gemeistert werden bzw. mit einer schnellen Bluttransfusion wieder Leben in ein Team eingehaucht werden kann.
- usw.

Axel Koch: Infotainment in Seminar und Präsentation

Kopfstand-Methode

Bei der Kopfstand-Methode, auch „Umkehrmethode" genannt, wird das ursprüngliche Thema ins Gegenteil verkehrt und neu formuliert.

Das ursprüngliche Thema ins Gegenteil verkehren und neu formulieren.

Aus dem Thema *„Wie können wir den Informationsfluss im Unternehmen verbessern?"* wird dann: *„Wie können wir den Informationsfluss im Unternehmen verschlechtern?"*

Zu dem Thema werden dann wieder alle Einfälle notiert.

Beispiel: Was ist das Gegenteil von Führung?
▶ Chaos.
▶ Teamwork.
▶ Es gibt immer Einen, der führt. Ist bloß die Frage, ob offiziell oder informell.
▶ Anarchie.
▶ Hühnerhof. Die Starken hacken die Schwachen.
▶ Selbstorganisation.
▶ usw.

Brainwriting

Brainwriting ist eine aus dem Brainstorming abgeleitete Technik, bei der die Teilnehmer die schriftlich fixierten Ideen der anderen Teilnehmer aufgreifen und dadurch eigene Einfälle entwickeln.

Schriftliche Ideengewinnung in der Gruppe.

Die Methode eignet sich für eine Gruppengröße von fünf bis sieben Teilnehmern.

Die Einfälle werden stichwortartig auf vorbereitete Papierbögen geschrieben und in festgelegter Reihenfolge und nach vorgegebenem zeitlichen Rhythmus an die anderen Teilnehmer weitergegeben, welche die notierten Ideen ihrerseits schriftlich weiterführen oder ergänzen.

Mündliche Äußerungen, Gespräche, Diskussionen sind nicht vorgesehen. Kritik ist ebenfalls untersagt.

Die Gruppenmitglieder bekommen folgendes Raster auf einem Arbeitsblatt:

Beispiel Brainwriting

Thema: _____

Ideen

Teilnehmer 1	Teilnehmer 2	Teilnehmer 3	Teilnehmer 4	Teilnehmer 5	Teilnehmer...

Jedes Gruppenmitglied notiert zunächst das Thema im oberen linken Teil des Arbeitsblattes und notiert darunter als Spalte mindestens drei seiner Ideen zum Thema. Nach ca. drei bis sechs Minuten wird das Blatt jeweils an den rechten Nachbarn weitergegeben, der die Lösungsideen in der zweiten Spalte weiterentwickelt oder auch völlig neue Ideen eintragen darf.

Das Verfahren wird auf diese Weise so lange fortgesetzt, bis alle Blätter die Eintragungen von allen Teilnehmern enthalten.

Die Größe des Papierbogens kann A4, A3 oder Flipchart-Größe betragen. Als Alternative kann man auch mit Kärtchen und Pinwand arbeiten.

Brainwalking

Brainwalking wurde aus den Techniken Brainstorming und Brain-writing abgeleitet.

Ideenfindung durch Abwandern von Plakaten.

Regeln:
- ▶ Mehrere Fragestellungen bzw. Themen werden auf je ein Plakat geschrieben und an den Wänden aufgehängt. Diese Fragestellungen können thematisch zusammenhängen oder aber heterogen sein, um ungewöhnliche Assoziationen und Analogiebildungen zu fördern.
- ▶ Die Teilnehmer „wandern" ohne feste Reihenfolge und ohne festen Zeitplan zu den einzelnen Plakaten und tragen stichwortartig ihre spontanen Einfälle zu den einzelnen Fragestellungen ein.
- ▶ Alle Ideen sollen notiert werden, auch die scheinbar unrealistischen oder unsinnigen.
- ▶ Die bereits notierten Ideen werden zur Kenntnis genommen. Kritik an den Ideen und ausführliche Diskussionen sind in der Phase der Ideenfindung untersagt und sollen einer späteren Auswertungsphase vorbehalten sein.
- ▶ Die Teilnehmer sollen vorliegende Ideen aufgreifen und weiterentwickeln. Die dabei entstehenden Gedankenketten können graphisch veranschaulicht werden. Sie lassen sich nachträglich aus dem entstandenen Ideennetz erstellen.
- ▶ Da sich die Gedankenbäume ständig verändern, sollte jeder Teilnehmer alle Plakate mehrmals nacheinander aufsuchen.
- ▶ Während des Brainwalkings können die Teilnehmer weitere, abgeleitete Fragestellungen auf zusätzliche Plakate schreiben.

Verbundmatrix

Matrixmethoden arbeiten mit der systematischen Kombination von Teilaspekten eines Themas. Sie basieren auf der Tatsache, dass auf diesem Weg Kombinationsmöglichkeiten ins Blickfeld geraten, an die spontan wahrscheinlich niemand gedacht hätte.

Systematische Verknüpfung von Teilaspekten eines Themas.

Die Verbundmatrix besteht in der Regel nur aus der Kombination von zwei Dimensionen. Alle Kombinationen lassen sich als die Zellen einer Matrix auffassen.

Dann beginnt man für jede Spalte die Einfälle zu notieren, die in Verbindung mit jeder Zeile entstehen.

Beispiel: Thema „Stress"

Dimensionen: „Arten für den Seminareinstieg" (Spalte) und „Eigene Erfahrungen" (Zeile)

Seminareinstieg \ Erfahrungen	Viele Aufgaben zu erledigen, wenig Zeit	Müde, schlapp, ausgebrannt	Warnsignale beachten	......	.....
Geschichte erzählen	Beispiel: Hochrangige Führungskräfte berichten, dass sie nicht mehr Herr ihrer Zeit sind. Frage: Wenn sie darauf keinen Einfluss haben, wer dann?				
Bild zeigen					
Präsentation mit PowerPoint					
Szene vorspielen					

Identifikation

Bei dieser Technik geht es um eine ganzheitliche Betrachtung eines Themas. Es wird aus Sicht aller Betroffenen betrachtet – das können Menschen, Tiere, Pflanzen, Gegenstände sein.

Eintauchen in die Sichtweise eines anderen Betroffenen.

Es geht darum, neue Sichtweisen zu dem Thema zu finden, indem man in die Perspektive und Gefühlswelt der Betroffenen eintaucht.

Nachdem das Thema feststeht, müssen zunächst die Rollen für die Identifikation gesucht werden. Alle Personen, Dinge oder Lebewesen, die an dem Thema beteiligt oder davon betroffen sind, werden zunächst schriftlich festgehalten.

Dann erfolgt die gedankliche und gefühlsmäßige Identifikation. Die Fragen, die man sich stellt, lauten: Wie fühlt sich der Mensch, das Lebewesen oder der Gegenstand in seiner Rolle? Was hat er für Wünsche, Ziele, Ideen?

Nacheinander werden die Perspektiven aller Beteiligten eingenommen.

Beispiel zu einer typischen Alltagssituation:
„Was denkt der Dackel des Chefs darüber, dass dieser oft von seinem Stuhl hochspringt, aus dem Büro läuft, verschiedene Menschen kontaktet, ihnen schnell etwas zuruft und wieder zurück in sein Büro eilt?"

▶ Der will Gassi gehen und findet keinen Baum.
▶ Der hat Frühlingsgefühle, dass der so oft zu der Dame geht.
▶ Der hat vergessen, wo er seinen Knochen vergraben hat.
▶ Den nerven Flöhe.
▶ usw.

3.6 Der Prozess des Gag-Schreibens

Gag-Schreiben ist ein Prozess. Er verläuft nicht geradlinig – im Gegenteil, viele der nun genannten Regeln und Techniken laufen parallel im Kopf ab. Mit zunehmender Übung findet eine Vernetzung im Denken statt, die den kreativen Prozess erleichtert.

Werden Sie nicht zu schnell ungeduldig.

Die größte Hürde beim Schreiben ist am Anfang das weiße Blatt Papier. Aus eigener Erfahrung kann ich einen typischen Anfängerfehler bestätigen: Man wird schnell ungeduldig, glaubt nie einen Gag zu Stande zu bringen und will aufgeben.

Das Kreuz mit der Denkblockade

Für Gene Perret bedeutet Joke-Schreiben, in computerartiger Schnelligkeit verschiedene Gedanken im Kopf miteinander zu kombinieren und die zwei bzw. drei Ideen auszuwählen, aus denen sich dann eine Pointe schreiben lässt. Um die Anfangshürde zu nehmen, empfiehlt er, einfach drauf los zu schreiben. Denn spontane Einfälle liefern häufig die besten und schnellsten Jokes.

Spontaneität ist Trumpf! Schreiben Sie alles nieder, was Ihnen einfällt.

Schreiben Sie also alles nieder, was Ihnen durch den Kopf schießt. Hüten Sie sich vor der Vorstellung, dass Ihnen gleich auf Anhieb und ohne viel Arbeit der perfekte Gag aus der Tastatur fließt.

Axel Koch: Infotainment in Seminar und Präsentation

Nun erfahren Sie in Kürze die wesentlichen Schritte des Gag-Schreibens, bis schließlich ein fertiger Comedy-Monolog vorliegt. Im Blickpunkt steht dabei stets das Wissen um die Zielgruppe. Die dargestellte Reihenfolge empfinde ich als hilfreich, um gerade als Einsteiger einen guten Zugang zum Gag-Schreiben zu bekommen.

Der Prozess des Gag-Writings:
* *Thema wählen und Ideen sammeln*
* *Pointen sammeln*
* *Rohentwürfe in Form bringen*
* *Die Gags kritisch prüfen*
* *Die Gags zu einem Ganzen verknüpfen*
* *Guter Einstieg*
* *Guter Abgang*
* *Die Vorführung*

1. Thema auswählen und Ideen dazu sammeln

(▶ *Details ab Seite 66*) TV-Sendungen wie *„7 Tage, 7 Köpfe"*, die legendäre *„Harald Schmidt Show"* oder *„Die Wochenshow"* machen vor, dass man praktisch zu jedem Thema Gags für einen Comedy-Beitrag produzieren kann.

Wenn Sie das Thema festgelegt haben, sammeln Sie dazu alle Gedanken, die Ihnen einfallen.

2. Techniken, um die Pointe zu finden

(▶ *Details ab Seite 71*) Die größte Herausforderung ist, wirklich zündende Pointen zu finden. Hierin unterscheiden sich die guten von den schlechten Comedians am deutlichsten. Die wichtige Fähigkeit lautet Querdenken. Es geht darum, Situationen aus völlig neuen Blickwinkeln zu betrachten und dafür neue Bedeutungen zu kreieren. Als Hilfestellung gibt es verschiedene Techniken, um auf Pointen zu kommen.

Natürlich ist es auch entscheidend, wie Gags präsentiert werden, damit sie zum Lachen animieren. Dazu mehr im Kapitel 4.

3. Rohentwürfe in das Stand-Up-Format bringen

(▶ *Details ab Seite 124*) Jeder Gag hat den gleichen rhetorischen Aufbau. Es gibt eine Einleitung, die eine gewisse Erwartungshaltung und Spannung aufbaut und dann kommt die überraschende Wendung, sprich Pointe, die zum Lachen animiert.

Die Einleitung ist meist sachlicher Natur. Die Pointe wirkt durch ihren Kontrast zur Einleitung. Verschiedene Regeln sorgen dabei dafür, dass die Gags für das Publikum gut verständlich sind und so ihre volle Lachwirkung entfachen.

4. Kritische Revision der Gags

Haben Sie Ihre Zielgruppe noch im Visier?

(▶ *Details ab Seite 128*) Da in der Regel der erste fertige Entwurf eines Gags noch nicht „rund" läuft, gilt es, ihn zu testen. In dieser Phase ist auch wichtig, kritisch zu prüfen, ob ein Gag auf das Wissen und die Erfahrungen der Zielgruppe zugeschnitten ist.

Bei einer Revision werden die Flops entweder komplett eliminiert oder durch geschicktes Umformulieren in einen tauglichen Gag verwandelt. Diese Testphase läuft häufig mehrfach, bis die Jokes auch wirklich funktionieren.

5. Aus Einzelgags einen Comedy-Monolog machen

Die Kunst, es wie ein Small Talk wirken zu lassen.

(▶ *Details ab Seite 133*) Die thematisch zusammenhängenden Einzel-Gags werden in eine Reihenfolge gebracht, um einen kompletten Comedy-Monolog zu fertigen, der für den Zuhörer wie „spontan" im Small Talk erzählt klingt. Auch hier gilt es, immer wieder zu feilen, bis alles gut ineinander fließt.

6. Das Opening vorbereiten

(▶ *Details ab Seite 137*) Wenn Sie als Redner bzw. Präsentator vor ein Publikum treten, gilt es, dieses möglichst schnell für sich zu gewinnen und das Eis zu brechen. Gleichermaßen sollen die Zuhörer auch einen Eindruck bekommen, was Ihr Stil ist.

Es gilt nun zu überlegen, mit welchem Gag bzw. welchen Gags Sie eröffnen wollen.

7. Der gelungene Abgang

(▶ *Details ab Seite 138*) Aus der Rhetorik ist bekannt, dass nicht nur der erste Eindruck bei der Eröffnung zählt, sondern auch der letzte Eindruck beim Abschluss. Überlegen Sie sich also, mit welchem „Knall-Effekt" Sie Ihren Auftritt beenden wollen.

8. Fertiger Comedy-Beitrag

Schließlich ist der Beitrag fertig – meinen herzlichen Glückwunsch. Nun müssen Sie „nur" noch den Mut aufbringen, mit dem Beitrag vor Ihr Publikum zu treten.

Mut und Lampenfieber gehören einfach dazu.

In den nachfolgenden Kapiteln wird nun näher beschrieben, was sich genau hinter den einzelnen Prozessschritten verbirgt und welche Techniken Ihnen jeweils dabei helfen, Ihre Jokes zu entwickeln.

Im *Kapitel 6* finden Sie dann verschiedene Anwendungsbeispiele und wie diese vor dem Hintergrund der beschriebenen Techniken entstanden sind.

3.6.1 Thema auswählen und Ideen dazu sammeln

Beim Prozess des Gag-Schreibens steht zu Beginn die Auswahl eines Themas. Dieses Thema ist durch die fachlichen Informationen bzw. durch die Gedanken, die Sie vermitteln wollen, vorgegeben.

form follows function: Erst die Botschaft(en) klären, dann die Art der Präsentation.

Nehmen wir an, Sie wollten ein Führungsseminar machen. Zunächst überlegen Sie, welche Lernziele zu erfüllen sind. Dann wählen Sie aus, was Sie fachlich dazu vermitteln wollen. Sie legen bestimmte Kernbotschaften fest. Weiterhin entscheiden Sie sich aus didaktischen Gründen für verschiedene Übungen. Auch gut ausgewählte pädagogische Spiele haben bereits einen Unterhaltungswert.

Erst ganz zum Schluss beginnen die Fragen:
- ▶ Wie gestalte ich das Seminar witzig und unterhaltsam?
- ▶ An welchen Stellen bzw. zu welchen Themen bieten sich Gags an? Ein Thema könnte sein: Mitarbeiter setzen ihre Ziele nicht um. Die Führungskraft muss ein kritisches Rückmeldegespräch führen.

Wieviele Gags sind angemessen?

- ▶ Wie viele Gags sind angemessen, damit die Ernsthaftigkeit erhalten bleibt? Die Teilnehmer erwarten trotz des Spaßfaktors ganz klaren fachlichen Lerninput, der ihnen hilft, ihren Arbeitsalltag zu meistern.

Nachdem Sie Ihr Thema grob bestimmt haben, ergeben sich als Ausgangsfragen:
- ▶ Was kann man zu dem Thema erzählen?
- ▶ Was gibt es zu dem Thema an Alltagsbeobachtungen, die meine Zielgruppe selbst aus ihrem Leben kennt bzw. selbst schon erlebt hat?

Der Gag transportiert die Botschaft.

- ▶ Was soll der spätere Gag aussagen? Es ist wichtig, sich am Anfang klar zu machen, welche Botschaft der Gag haben soll.

Ein Beispiel von *Gene Perret*: Es geht um das Thema „Preise" und die Beobachtung, dass die Preise im Supermarkt immer teurer werden. Es soll die Botschaft transportiert werden, dass die Preise wie Bankraub anmuten.

Als Textidee bietet sich an:

„Supermarktpreise sind reiner Raub. Ein Geschäft in unserer Nachbarschaft hat jetzt Strümpfe über seinen Kopfsalat gezogen."

Um nun Ideen zu entwickeln, können Sie sich der ganzen Bandbreite von Kreativitätstechniken bedienen, die im *Kapitel 3.5.2* beschrieben sind. Finden Sie heraus, welche Techniken Ihnen gut liegen.

Mögliche Ansatzpunkte für Ideen

Das nachfolgende Schaubild zeigt Ihnen, welche Ansatzpunkte es gibt, von denen aus Sie Einfälle entwickeln können.

Schaubild Ansatzpunkte

In Ihre Zielgruppe versetzen

Ein wichtiger Fokus bei der Ideenfindung liegt auch auf der Zielgruppe, für die Sie Ihre Gags entwickeln wollen.

Ihre Zielgruppe ist das A und O Ihres Beitrags.

Machen Sie sich ein Bild von Ihrer Zielgruppe mit diesen Fragen:

▶ Ist es ein allgemeines Publikum, bei dem Sie auf allgemein übliche Referenzerfahrungen und Allgemeinwissen zurückgreifen müssen, oder eine spezielle Gruppe?

▶ Sind bestimmte Zeitungs-Schlagzeilen, Produkte, Anbieter, Künstler etc. regional begrenzt oder überregional bekannt?

▶ Wer genau ist das Publikum und wo sind damit Ansatzpunkte für Gags verbunden? Sind es Call-Center-Agenten, Führungskräfte, EDV-Fachleute usw.?

▶ Wie sieht deren Realität aus? Welche Erfahrungen, welches Wissen bringen sie mit?

▶ Finden Sie heraus, worüber die Leute reden bzw. was sie über sich selbst sagen. Was passiert gerade in deren Stadt? Was liegt bei einer Gruppe von Geschäftsleuten gerade Aktuelles in deren Arbeit vor? Usw.

▶ Finden Sie heraus, was die Leute berührt bzw. welche Einstellungen und Standpunkte sie haben. Wichtig ist zu wissen, wenn Sie z.B. politische Witze machen, welcher Partei die Leute großteils angehören.

▶ Welche Phrasen, Äußerungen, Slogans bzw. Jargons, interne Themen sind typisch? Welche dieser „Insider" lassen sich gut für Jokes verwenden? Fragen Sie am besten Leute innerhalb einer Organisation nach Informationen bzw. lassen Sie sich z.B. interne Zeitungen geben.

Nachdem Sie Ideen gefunden haben und diese bewerten wollen, sind zusätzlich folgende Fragen nützlich:

Fettnäpfe, Tabus und Vorlieben.

▶ Wie denkt das Publikum über Ihre Ideen? Womit könnten Sie in ein „Fettnäpfchen" treten?

▶ Was ist Ihr Publikum bereit, an Aussagen zu akzeptieren? Diese Frage hat mit Geschmack, Tabus, Vorlieben etc. zu tun.

Das Oberthema in Unterthemen unterteilen

Noch mehr Ideen durch Aufsplittung Ihres Themas.

Eine weitere Stufe, um zu Ihrem Thema noch mehr Ideen zu bekommen, ist, Ihr Oberthema in Unterthemen aufzugliedern.

Sie können sich dabei von den Kategorien leiten lassen, die bereits in Ihren ersten Ideensammlungen enthalten sind. Anderseits fallen Ihnen vielleicht noch völlig neue Unterthemen ein.

Diese Vorgehensart hilft Ihnen, genügend Gags für einen späteren Comedy-Monolog zu einem Hauptthema produzieren zu können. Wenn Sie die Menge der Pointen in Comedy-Monologen zählen, kommen Sie im Schnitt auf zwei Pointen in der Minute. Das entspricht zehn Pointen für einen fünfminütigen Beitrag. Je nach Comedian und Thema lässt sich sogar die doppelte Gagzahl beobachten.

Wenn Sie nun das Hauptthema in fünf bis sechs Unterthemen aufsplitten, ist es leichter, genügend Gags zu produzieren.

Gene Perret bringt als Beispiel das Thema „Hundebesitzer". Dafür entwickelte er folgende Unterthemen:
- ▶ Allgemein. (Dieser Punkt erlaubt, überhaupt ins Thema einzusteigen.)
- ▶ Auf den Teppich pinkeln.
- ▶ Größe des Hundes.
- ▶ Hund beißt Postbote und andere Besucher.
- ▶ Der Hund frisst alles Mögliche im Haus.

Perret weist darauf hin, dass die ausgewählten Unterthemen nicht die einzigen und auch nicht die besten waren. Es seien lediglich die, die er auswählte, um im Endeffekt 35 Jokes zum Thema zu schreiben.

Er meint, dass diese Unterteilung in Unterthemen der wichtigste Teil ist, um einen Monolog zu texten. Wenn die Unterthemen kreativ und gut durchdacht sind, werden auch die Gags besser und sind leichter zu schreiben. Dadurch ist am Ende der Monolog auch origineller.

Die Zergliederung in Unterthemen ist die vielleicht produktivste Form des Comedy-Writings.

Auch, wenn Ihnen Gags einfallen, die nicht wirklich zum Hauptthema oder den vorbereiteten Unterthemen passen, schreiben Sie diese auf, indem Sie z.B. eine neue Kategorie „Allgemein" verwenden, worunter Sie den Gag schreiben.

Wenn sich die Situation ergibt, dass Sie zu einem Unterthema mehr als die besagten fünf bis sechs Jokes produzieren, machen Sie auf jeden Fall weiter. Manche Themen sind so produktiv, dass sich allein daraus ein kompletter Monolog machen lässt.

Den eigenen Weg finden

Finden Sie heraus, auf welche Weise Sie am besten kreativ sein können. Jeder hat seine eigene Art.

Kreativ kann man nicht nur am Schreibtisch sein. Wobei kommen Ihnen die besten Einfälle?

Meine Erfahrung ist, dass dieser Prozess durchaus über einen längeren Zeitraum gehen kann. Mir kommen vielfach die Einfälle nicht am Schreibtisch, sondern gerade dann, wenn ich nach einer Zeit der intensiven Beschäftigung nicht mehr darüber nachdenke, z.B. wenn ich gerade einen Spaziergang mache oder Sport treibe.

Deshalb habe ich für den spontanen Einfall stets ein Notizbuch bzw. ein Diktiergerät bereit, um ihn zu sichern. Oft ist er sonst weg. Denken Sie daran: Kreativität lässt sich nicht „mit der Brechstange" erzwingen. Zeitdruck ist meistens eine schlechte Voraussetzung für Kreativität.

Judy Carter weist auf ihre Erfahrung hin, dass es üblicherweise eine Stunde „Drauf-los-reden" braucht, um vielleicht für drei Minuten Material zu bekommen.

Das verdeutlicht noch mal die im *Kapitel 3.1* beschriebene Regel, bloß nicht zu früh aufzuhören. Treiben Sie sich selbst an, noch mehr Assoziationen zu finden, wenn der Gedankenfluss zu versiegen scheint. Erst in dieser Phase der Zusatzanstrengung kommt die Kreativität. Motivieren Sie sich selbst: *„Ich brauche noch mehr Ideen, es reicht nicht."*

Ideen-Kartei anlegen

Dokumentieren und archivieren Sie Ihre Ideen – auch solche, die Sie nicht sofort verwenden.

Wenn Sie über einen längeren Zeitraum Gedanken sammeln, z.B. auch für verschiedene Themen, empfiehlt sich eine Ideen-Datei im PC bzw. ein Ideen-Notizbuch. Schreiben Sie darin zu bestimmten Kategorien einfach alles erst mal nieder. Wenn Sie später dann am Schreibtisch diese Einfälle durchgehen, bekommen Sie oft neue Anregungen.

3.6.2 Techniken, um die Pointe zu finden

Vor dem Hintergrund der bislang gefundenen Assoziationen, Ideen und Unterthemen geht es nun daran, Pointen zu finden.

Wie in *Kapitel 2.3* beschrieben, stellt die Pointe einen Kontrast bzw. einen überraschenden Richtungswechsel zu den vorher präsentierten Gedanken dar. Es gilt, eine aufgebaute Erwartungshaltung zu enttäuschen. Je besser und intelligenter dieser Kontrast gelingt, umso witziger wirkt ein Joke.

Die Pointe – der überraschende Richtungswechsel Ihrer präsentierten Gedanken.

Dazu ein Beispiel von *Michael Mittermeier*:
(mit aufgekratzer Stimme) Nostradamus, der große Hellseher, der hat ja damals schon Dinge vorhergesagt. Der hat ja damals schon gesagt: „… und nach dem Millennium wird eine große Katastrophe kommen und die wilden Horden werden einfallen und eine vernichtende Niederlage bereiten." – 1:5 gegen England!! – Er hat's gewusst, die Sau!!

Gekonnter Richtungswechsel: Michael Mittermeier

Betrachten Sie nun die in den folgenden Abschnitten beschriebenen Regeln und Techniken als Werkzeugkasten, aus dem Sie sich individuell bedienen können. Finden Sie heraus, mit welchen dieser Hilfsmittel Sie am besten zu Pointen kommen. Die dargestellte Reihenfolge ist nicht zwingend diejenige, mit der Sie Ihre Gags entwickeln. Mitunter haben Techniken auch Ähnlichkeit. Sie stellen aber jeweils einen anderen Zugang dar.

Zur besseren Orientierung sind die Techniken auf der Folgeseite mit ihrer Seitenangabe aufgelistet.

Natürlich kann es sein, dass Sie schon wissen, welcher Gedanke für die Pointe steht. Dann geht es mehr darum, einen entsprechenden Einleitungstext zu entwickeln, damit die Pointe gut sitzt. Näheres hierzu finden sie in *Kap. 3.6.3, ab Seite 124.*

Die Techniken

Nachfolgend lernen Sie 19 Techniken kennen, die Ihnen den Weg zur Pointe weisen. Um später direkt auf die eine oder andere Technik zugreifen zu können, finden Sie hier die entsprechenden Seitenangaben:

- ▶ Die Frage- und Antwortmethode *(S. 73)*
- ▶ Neue Perspektiven und ungewöhnliche Einstellungen *(S. 75)*
- ▶ Den Spiegel vorhalten *(S. 83)*
- ▶ Emotionen hinter den Worten *(S. 87)*
- ▶ Rahmenwechsel *(S. 91)*
- ▶ Über- und Untertreibung *(S. 92)*
- ▶ Erwartungshaltungen heftig enttäuschen *(S. 96)*
- ▶ Vorstellungen, Vergleiche, Metaphern erzeugen *(S. 103)*
- ▶ Details ausschmücken *(S. 106)*
- ▶ Wortspiele *(S. 109)*
- ▶ Sich selbst auf die Schippe nehmen / Selbstironie *(S. 110)*
- ▶ Schocken *(S. 111)*
- ▶ Humor auf Kosten anderer *(S. 112)*
- ▶ Gags auf Kosten des Publikums *(S. 114)*
- ▶ Vergleiche *(S. 116)*
- ▶ Pointen mit Stimme und Körpersprache untermalen *(S. 117)*
- ▶ Variieren von bekannten Redewendungen *(S. 122)*
- ▶ Wohlklingende Formulierungen *(S. 122)*
- ▶ Running Gag *(S. 123)*

3.6.2.1 Die Frage- und Antwortmethode

Die Frage- und Antwortmethode von *Walter Halbinger* ermöglicht es, sich in das Denkschema des Publikums hineinzuversetzen. Auf diese Weise bekommen Sie Ideen, um den originellen Gag oder die überraschende Pointe zu finden.

Gehen Sie in den Köpfen Ihres Publikums spazieren.

Der Ausgangspunkt für einen Gag ist eine normale Alltagsbeobachtung, eine Situation, eine Geschichte über Menschen, eine eigene Erfahrung oder etwas zur eigenen Person.

Ein Beispiel zum Thema „Schlafen":

Der nächtliche Schlaf daheim im Bett – das ist der Normalfall. Nun gilt es „quer zu denken", um zu einer Pointe zu gelangen. Es ist wichtig, aus dem gewohnten Denkschema zu gelangen.

Fragen Sie sich:
▶ Welche ungewöhnlichen Schlafsituationen gibt es noch außerhalb des Bettes?
▶ Was lässt sich am Denkschema verändern, vertauschen oder weiter entwickeln?
▶ Was bringt Witz oder Situationskomik ins Geschehen?

Die Ausgangssituation ...

... wird so lange weiterentwickelt ...

Frage: Wie ist die Ausgangssituation?
  Ein Mann liegt auf dem Sofa des Psychiaters.

Frage: Was denkt der Zuhörer angesichts dieser Situation?
  Dass der Mann Probleme hat und Hilfe braucht. Und natürlich beschäftigt ihn die Frage, was für Probleme es sind.

Frage: Welches Problem könnte der Mann haben?
  Vielleicht ein Schlafproblem.

Frage: Was denkt der Zuhörer, wenn er von dem Schlafproblem erfährt?
  Dass der Mann beängstigende Träume hat oder schnarcht oder einfach nicht schlafen kann.

Beim Psychiater

Frage: Welches ungewöhnliche Problem könnte er haben?
Es könnte den Mann beunruhigen, dass er im Schlaf spricht.

Frage: Was könnte ihn daran beunruhigen?
Dass auf diese Weise andere seine intimsten Geheimnisse
erfahren und er sich lächerlich macht.

Frage: Wer könnten die anderen sein?
Im Ehebett seine Frau.

Frage: Wo schläft man noch, außerhalb des eigenen Bettes und
nicht unbedingt nachts?
Im Büro. Man hört ja so viel vom gesunden Büroschlaf. Es darf
nur nicht auffallen, dass man hinter Ordnern und Aktenstapeln
schläft. Wer da schnarcht oder im Schlaf spricht, fällt auf und
wird zum Gespött der Mitarbeiter.

... bis die Pointe einsetzt. Frage: Was könnte der Mann – kurz und bündig – in diesem Fall
zum Psychiater sagen?
*„Dass ich im Schlaf spreche, wäre ja halb so schlimm – aber das
ganze Büro lacht schon darüber."*

Axel Koch: Infotainment in Seminar und Präsentation

3.6.2.2 Neue Perspektiven und ungewöhnliche Einstellungen

Wenn Sie sich gute Stand-Up Komiker anschauen, werden Sie merken, dass diese die besondere Fähigkeit haben, ganz gewöhnliche Alltagsbegebenheiten in einer neuen und ganz anderen Weise zu sehen.

Um zu solch neuen Bedeutungen und Perspektiven zum „normalen" Denken zu kommen, gibt es weitere Hilfsmittel. Dabei ist jedoch wichtig, dass die „neuen Sichtweisen" Bezug zur Realität haben. Kurzum: ein Funken Wahrheit muss dabei sein.

Grundsätzlich gibt es dabei folgende zwei Ansatzpunkte, um zu einer völlig neuen bzw. unerwarteten Sicht bei einem normalen Sachverhalt zu kommen.

▶ Entdecken Sie neue Bedeutungen in altbekannten Sachverhalten.

▶ Nehmen Sie neue Perspektiven bzw. ungewöhnliche Einstellungen ein.

Präsentieren Sie eine völlig neue Sichtweise.

Beispiel von *John Vorhaus*:
„Ich habe seit Jahren keinen Sex gehabt."
„Zölibat?"
„Nein, verheiratet."

Diese Aussage überrascht uns. Denn normalerweise kennen wir als einen triftigen Grund für fehlenden Sex das Zölibat. In dem Beispiel wird statt dessen eine völlig neue Sicht präsentiert. Heirat. Der Bezug zur Realität besteht darin, dass bei vielen Paaren im Laufe ihrer Ehejahre das sexuelle Interesse erlahmt.

Praktisch jede Situation hat nicht nur eine Bedeutung. Versuchen Sie, in den von Ihnen beschriebenen Situationen eine neue Bedeutung zu sehen, etwas, was nicht offensichtlich auf der Hand liegt. Denn es ist genau diese andere Bedeutung eines Sachverhaltes, die die Pointe ausmacht.

Dazu noch ein Beispiel von *Rüdiger Hoffmann* (aus der CD „Ich komme"):

Kommt eine Frau zum Arzt und fragt: „Herr Doktor, kann ich mit Durchfall baden?" – „Na klar, wenn Sie die Wanne voll kriegen."

Dieser Unterschied in der Sichtweise besteht auch in vielen Wortspielen *(siehe Kapitel 3.6.2.10)*. Ein Wort wird dabei anders verstanden als es üblicherweise der Fall ist.

Beispiel von *Bernd Stelter*:

Bei einem Bekannten von mir sind jetzt Drillinge angekommen. Er saß vor dem Kreißsaal, kettenrauchend, plötzlich kam die Hebamme raus und sagt (mit freudiger Stimme und Mimik gesprochen): „Herzlichen Glückwunsch, drei gesunde Mädchen." Er rennt auf die Kreißsaaltür zu, da stoppt ihn der Oberarzt: „Halt (dazu Gestik Hand nach vorne), Sie sind nicht steril!" – Da sagt er: „Das müssen Sie <u>mir</u> nicht erzählen."

Die neue Perspektive stellt sich in dem Satz „Das müssen Sie mir (als Vater von Drillingen) nicht erzählen". Das Wort „steril" wurde also mit der neuen Bedeutung „Fruchtbarkeit" interpretiert, anstatt im ärztlichen Sinne für „keimfreie Umgebung".

Neue Perspektiven aus unterschiedlicher Betrachtung heraus.

Eine neue Bedeutung von Sachverhalten ergibt sich auch, indem man eine spezielle Einstellung bzw. Haltung einnimmt, aus der man die Welt betrachtet, z.B. als Baby. Ein Jugendlicher sieht die nackte Brust einer Frau mit erotischen Gefühlen. Ein neugeborenes Baby dagegen denkt bei der selben Brust: „Mahlzeit!"

Neue Sichtweisen durch absurde Verzerrung.

Eine andere Kategorie von Gags lebt nicht von „der anderen Bedeutung" von Sachverhalten. Sie überrascht vielmehr durch recht ungewöhnliche bis hin zu absurden Sichtweisen zu Alltagserfahrungen bzw. -beobachtungen.

Beispiel *Atze Schröder* zum Thema „Klavier":

Mein Vater hat mir damals schon den Tipp gegeben: „Junge, lern' Klavier, da musst du dein Instrument nie selber tragen." Und das hat auch hingehauen. Ich bin zur ersten Klavierstunde zu Madame Gisela in Essen. Und dann stand ich so neben dem Steinway-Flügel und habe gefragt: „Sag mal Gisela, wer hat denn die Harfe in den Sarg gelegt?"

Um zu Ideen zu kommen, überlegen Sie sich beliebige, ausgefallene Perspektiven. Betrachten Sie aus diesen Sichtweisen normale
Situationen.

Beispiele sind:

Perspektivwechsel

- ▶ Ein Mann, der beleibte Frauen anbetet
- ▶ Eine Person, die Teebeutel hasst
- ▶ Eine Person, die sich vor Büroklammern fürchtet
- ▶ Ein schielender Optimist
- ▶ Ein perfekter Paranoiker
- ▶ Ein neugeborenes Baby
- ▶ usw.

Jede dieser Perspektiven hat im Einzelnen eine sehr klar definierte
Art und Weise, die Welt zu betrachten. Denken Sie sich so intensiv
wie möglich in die jeweils ausgewählte Sichtweise hinein.

Beispiel:
Die Trickfigur *Homer Simpson* hat z.B. die Charaktereigenschaft
des „Fresssacks". Alltägliche Situationen werden aus dieser Sicht
betrachtet.

*In der PRO7-Serie „Die Simpsons" gibt es zum Beispiel eine
Szene, wo Mutter Marge gerade ein opulentes Frühstück mit
allerlei Leckereien aufgetäfelt hat und die ganze Familie mit
verzückter Miene vor den Speisen sitzt, als draußen im Garten
plötzlich ein Hubschrauber landet, und das kleine Mädchen Lisa
sagt: „Hey, ein Hubschrauber landet in unserem Garten." Ihr
Bruder Bart meint: „Wir sollten uns vorsichtig nähern."
Marge, Lisa und Bart springen auf und laufen zur Haustür
heraus. Nur Homer bleibt mit gierigem Blick sitzen und lacht:
„Hihihi, ein unbewachtes Frühstück. Ein wunderbares Tabu."
Glückselig zieht er mit beiden Hände alle Speisen zu sich heran
und beginnt, lustvoll zu essen.*

Damit sich aus ungewöhnlichen Perspektiven heitere Pointen ergeben, ist es oft hilfreich, mit der Technik der Übertreibung zu arbeiten *(siehe Kapitel 3.6.2.6)*. Ein gutes Beispiel dafür ist der bekannte „Inspektor Clouseau" aus dem Film „Der rosarote Panther".
Seine Tolpatschigkeit übertrumpft alle normalen Ausprägungen
dieser Eigenschaft.

Übung: Perspektiven und Einstellungen

Sensibilisieren Sie sich für spezielle Perspektiven und Einstellungen, indem Sie versuchen, in Worte zu fassen, aus welcher Haltung heraus Comedians ihre Geschichten erzählen oder Charaktere in Komödien agieren.

Beispiele:
- ▶ Im Film „Shrek" agiert der Esel aus der Perspektive der distanzlosen Plaudertasche.
- ▶ In der Zeichentrickserie „Die Simpsons" hat der Hauptdarsteller Homer Simpson die Komik-Perspektive eines Bier trinkenden, naiven Proleten.

Übung: Bildtexte zu 30 ungewöhnlichen Fotos

Diese Übung stammt von *Gene Perret*.

Sammeln Sie 30 verschiedene Fotos mit ungewöhnlichen Motiven. Es können interessante Baby-Fotos sein, Bilder aus Illustrierten oder Fotomagazinen. Wichtig ist, dass die Fotos in gewisser Weise unüblich sind. Deshalb sollten am besten keine Familienfoto-Schnappschüsse verwendet werden.

Notieren Sie zu jedem Foto eine Bildunterschrift. Versuchen Sie, für die Fotos im Bildtext eine neue Bedeutung zu kreieren. Kommentieren Sie nicht nur, was auf dem Bild zu sehen ist. Vielfach schreiben wir Jokes, die viel zu direkt und offensichtlich sind. Dasselbe passiert beim Texten von Bildunterschriften. Wir neigen dazu, das Offensichtliche zu kommentieren. Es lohnt sich, neue Bedeutungen in den Bildunterschriften zu finden.

Beispiel: Stellen Sie sich vor, es handelt sich um ein Foto von einem Baby, dessen Mund voll mit Spinat ist. Ein Bildtext könnte sein: *„Junge, ich hasse Spinat."* Oder: *„Das ist das letzte Mal, dass ich mich von der Frau habe füttern lassen."* Beide Texte beschreiben im Kern noch ein Bild von einem Baby mit Spinat am Mund. Wenn man dagegen einen Text nimmt wie: *„Das ist das letzte Mal, dass ich mir Rasiercreme mit Spinatgeschmack gekauft habe"*, verändert sich die Aktion auf dem Foto.

Im Comedy-Writing ist es ganz wichtig, das Offensichtliche zu vermeiden. Deshalb gilt es, für jedes Foto im Bildtext eine völlig neue Bedeutung zu finden.

Damit Sie gleich loslegen können, finden Sie im Folgenden sechs Fotos. Testen Sie Ihre Fähigkeit, dafür neue Bedeutungen zu kreieren:

Übung: Bildtexte zu ungewöhnlichen Fotos (Forts.)

Blutspende

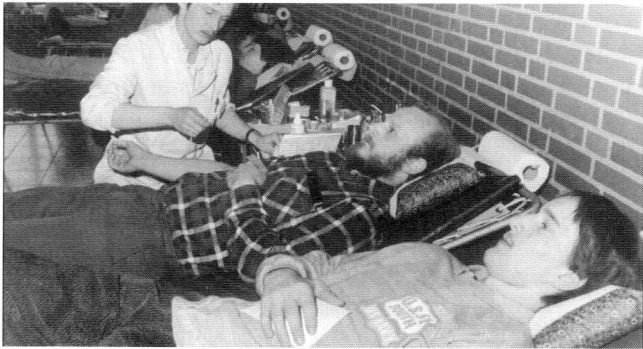

▶ Notieren Sie hier die „normale" Bedeutung.
▶ Aus welcher Perspektive, welchem Blickwinkel könnte man die Szene noch betrachten?
▶ Welche Bildunterschriften ergeben sich aus den anderen Blickwinkeln?

Wasserpflanze

▶ Notieren Sie hier die „normale" Bedeutung.
▶ Aus welcher Perspektive, welchem Blickwinkel könnte man die Szene noch betrachten?
▶ Welche Bildunterschriften ergeben sich aus den anderen Blickwinkeln?

Übung: Bildtexte zu ungewöhnlichen Fotos (Forts.)

Kleiderprobe

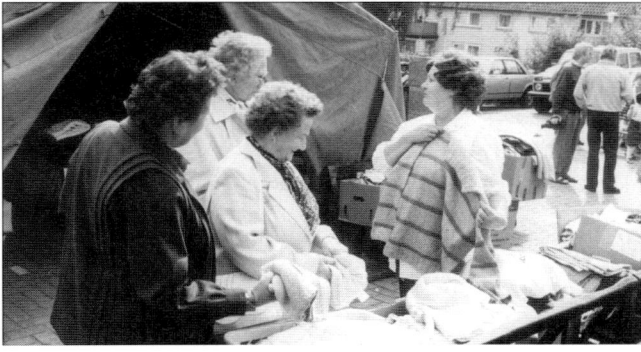

▶ Notieren Sie hier die „normale" Bedeutung.
▶ Aus welcher Perspektive, welchem Blickwinkel könnte man die Szene noch betrachten?
▶ Welche Bildunterschriften ergeben sich aus den anderen Blickwinkeln?

Wasserlauf

▶ Notieren Sie hier die „normale" Bedeutung.
▶ Aus welcher Perspektive, welchem Blickwinkel könnte man die Szene noch betrachten?
▶ Welche Bildunterschriften ergeben sich aus den anderen Blickwinkeln?

Übung: Bildtexte zu ungewöhnlichen Fotos (Forts.)

Piepmatz

▶ Notieren Sie hier die „normale" Bedeutung.
▶ Aus welcher Perspektive, welchem Blickwinkel könnte man die Szene noch betrachten?
▶ Welche Bildunterschriften ergeben sich aus den anderen Blickwinkeln?

Butterfass

▶ Notieren Sie hier die „normale" Bedeutung.
▶ Aus welcher Perspektive, welchem Blickwinkel könnte man die Szene noch betrachten?
▶ Welche Bildunterschriften ergeben sich aus den anderen Blickwinkeln?

3.6.2.3 Den Spiegel vorhalten

Vielfach braucht es gar keine ungewöhnliche Perspektive, sondern es reicht aus, Ihren Zuschauern alltägliche Situationen karikiert zurückzuspiegeln. Bei diesem Prinzip werden Alltagsbeobachtungen ein wenig überzogen oder sehr vereinfacht dargestellt. Dem Publikum wird sozusagen der „Spiegel" vorgehalten.

Dass wir über diese „nackte Realität" lachen, hat offenbar damit zu tun, dass wir uns gut in die präsentierten Informationen hineindenken können. Wir lachen über uns selbst, weil wir uns wiedererkennen.

Der Wiedererkennungs-Effekt.

Von diesem Prinzip lebt auch die Parodie. Wenn z.B. jemand die Stimme von einem bekannten Star nachahmt, jubeln und applaudieren die Leute, obwohl der Entertainer nichts Witziges gemacht hat. Sie sind so begeistert, weil sie die Berühmtheit wiedererkannt haben.

Wenn man die Welt, in der wir leben, genau beobachtet und kommentiert, ergibt sich zum Beispiel eine witzige Geschichte, wie sie *Rüdiger Hoffmann* (aus der CD „Der Hauptgewinner") zum Thema „Mitbewohner in einer Wohngemeinschaft" erzählt.

Mit meinem Mitbewohner verstehe ich mich prima. Wir kommen wunderbar klar. Ich habe es in der Küche ganz gerne immer ein bisschen ordentlicher. Ich habe es ihm auch schon mal gezeigt, dass man das Spülbecken halt nach dem Spülen auch ruhig mit dem Schwamm noch mal durchwischen kann. Er hat es auch gleich eingesehen. Das ist gar kein Problem bei uns. Das ist im Grunde genau dasselbe wie mit den Gläsern.
Ja, ich meine, wenn man die nicht direkt abtrocknet, nach dem Spülen, dann gibt es halt Ränder und Flecken. Ich meine, ich bin da eigentlich auch nicht so – aber, es ist einfach schöner, angenehmer, wenn man mal Gäste hat. Nö, er hat es auch gleich eingesehen, das ist gar kein Problem bei uns. Es ist im Grunde genau dasselbe, wie mit dem Bad.
Ich meine, so ein Duschvorhang der kann verschimmeln – muss er natürlich nicht, wenn man den nach jedem Duschen wieder ordentlich ausbreitet auf der Duschvorhangstange. Nö, er hat es auch gleich eingesehen, das ist gar kein Problem bei uns ...

In dem Beitrag werden bekannte Erfahrungen zum Thema „Ordnung und Unordnung" aus dem Zusammenleben in einer Wohngemeinschaft dargestellt, wobei Rüdiger Hoffmann dies aus der Haltung eines pedantischen „Mit-Wohnis" kommentiert.

Eine andere pointierte Realität erzählt *Jürgen von der Lippe* zum Thema „Wehleidigkeit von Männern":

... Männer sind viel sensibler und vor allem sehr viel wehleidiger als Frauen. Was, „Buh"? Kommt Jungs (ans Publikum gewandt), ihr wisst es doch! Wenn uns nicht gut ist, wollen wir schon, dass die Welt es erfährt, oder? Und vor allem wollen wir nicht, dass jemand das ganze tragische Ausmaß unserer Erkrankung wohlmöglich herunterspielt.

Ich bin da keine Ausnahme. Wenn ich leicht erkältet bin, kann man mich sehr treffen, wenn man mich fragt: „Bist du erkältet?" (spricht dann mit leidiger Miene und Stimme) „Stöhn, erkältet... ooh, ach...sag mal, wenn du mir ´ne Fünf-Minuten-Terrine auf den Kopf setzt, die ist aber in zwei Minuten fertig! Ooh, stöhn – und die Nase läuft Marathon ...

Ein anderes Beispiel von *Jürgen von der Lippe* karikiert folgende Beobachtung im Kino:

Was auch sehr putzig ist, wenn man im Kino ist: Die Vorstellung hat schon begonnen, und eine Frau muss noch mal auf die Toilette. Dann ist sie anschließend nicht in der Lage, ihre Sitzreihe wiederzufinden. Meine Frau auch nicht.

Dann hört man immer dieses gebrüllte Flüstern (macht es vor mit Stimme und Gestik) „Jürgen?" Ja, ich melde mich nicht. Nein, ich habe keine Lust, dass die Leute denken, dass ausgerechnet meine Frau zu blöd ist, ihre Reihe wiederzufinden. Und ich bin ja nicht der einzige Mann, der so denkt. Ständig laufen fünf, sechs Frauen den Gang rauf und runter: „Jürgen?", „Achim?", „Stefan?", „Helmut?" und ein Mann: „Sascha?"

Formulieren Sie Ihre spezielle Reaktion auf Alltagsbeobachtungen.

Um Alltagsbeobachtungen als Gag zu nutzen, formulieren Sie Ihre Beobachtungen als hinführenden Text und Ihre ureigene Reaktion auf diese Beobachtungen als Pointe.

Beispiel von *Kalle Pohl*:

*Was ich bei einer Hochzeit immer sehr seltsam finde, ist: Da
steht man vor dem Altar, und da sagt der Pfarrer, hiermit erkläre
ich Euch zu Mann und Frau. – Ja, was waren wir denn vorher??*

Die Kunst liegt auch darin, interessante neue Verknüpfungen für
Alltagsbeobachtungen zu finden, wie das Beispiel von *Gene Perret*
zeigt:

*Jedesmal, wenn man einen Mann sieht, wie er einer Frau die Tür
aufhält, ist entweder das Auto neu oder die Frau.*

Der Funken Wahrheit dieses Witzes ist in der Beobachtung enthalten, dass bei langjährigen Beziehungen die Männer ihren Frauen
immer weniger häufig die Tür vom Wagen aufhalten. Aber ein
neues Auto oder gar eine neue Frau bringt bei vielen wieder den
Kavalier zum Vorschein.

*Der Funken Wahrheit lässt
einen auch absurde
Beobachtungen nach-
vollziehen.*

Da diese Beobachtung nachvollziehbar ist, resultiert daraus ein Lacher. Dabei besteht die Fähigkeit des Humoristen darin, diese Beobachtung in ungewohnter Weise markant auszudrücken.

Übung: Reflexion der Wahrheit

Beobachten Sie Alltagssituationen – wie z.B. jemand am PC
sitzt, sein Brötchen kaut oder sich die Nägel lackiert.

Beispiel:

*Ich habe am Rhein folgende Begebenheit erlebt: Es war ein
sonniger Tag. Viele Hundebesitzer waren mit ihren Vier-
beinern unterwegs. Ich saß auf einer Bank. Vor mir tummelte
sich ein Schäferhund mit Wonne im Wasser. Sein Frauchen sah
mit Freude zu. Dann kam ein Mann mit einem Hund vorbei.
Er rief zu der Frau: „Rüde?" Sie nickte eifrig. Der Mann
kettete seinen Hund los. Das Tier sprang zu dem anderen
Hund in den Rhein. Die Szene wiederholte sich in kurzer Zeit
noch einige Male. Und stets kam nur die knappe Frage:
„Rüde?" und die knappe Antwort zurück: „Rüde!".*

Übung: Reflexion der Wahrheit (Fortsetzung)

Sammeln Sie solche Wahrheiten, die für sich allein schon unterhaltsam sind. Überlegen Sie nun, wie Sie die erlebte Wahrheit übertrieben oder verzerrt präsentieren können.

Beschränken Sie sich nicht selbst bei der Reflexion von Tatsachen. Ihre wahre Aussage kann verzerrt, verdreht, ausgeweitet oder verkürzt sein – das einzig Wichtige ist, dass sie im Kern wiedererkennbar ist.

Mitunter kann es auch sein, dass die Beobachtung allein schon für einen Gag ausreicht. Es gilt, sie sprachlich nur in das Stand-Up-Format zu bringen und ansprechend zu erzählen (*siehe Kapitel 4*).

Für das o.g. Beispiel kam mir folgende Gag-Idee:
„Als ich neulich am Rhein saß, beobachtete ich, wie ein Mann seinen Hund baden ließ. Dann kam eine Frau mit ihrem Hund. Bevor sie das Tier losleinte, frage sie den Hundebesitzer: „Rüde?" Darauf er zustimmend: „Rüde." Dieses Ritual wiederholte sich immer wieder: „Rüde?" – „Rüde!" Irgendwann stand ich auf, ging zu den Leuten hin und sagte: „Ich hätte nicht gedacht, dass Hundebesitzer so rüde sind: Haben Sie denn keinen Funken Anstand?"

Erst beim Testlauf dieses Jokes stellte ich fest, dass nicht jedem Menschen dieses Wortspiel (*vgl Kapitel 3.6.2.10*) „Rüde" (männlicher Hund) und „rüde" (roh, ungesittet, ungeschliffen) deutlich wurde, da die Adjektiv-Bedeutung von „rüde" nicht bekannt war.

3.6.2.4 Emotionen hinter den Worten

Eine Geschichte lebt von den Emotionen, mit denen sie erzählt wird. Wenn Sie Comedy-Beiträge hören, dann schwingen auch Emotionen wie Freude oder Ärger mit. Die Emotion betrifft sowohl die Erzählung, die zu einem Gag führt, als auch die Pointe selbst.

Erzählen Sie emotional.

Die Wirkung von Emotionen wird allein schon dadurch deutlich, wenn Sie die hier im Buch zitierten Gags von Unterhaltungskünstlern lesen. Sie wirken durch die Papierversion emotionslos und langweilig, obwohl sie beim Publikum nachweislich Lacher entfachen. Erst durch richtig platzierte Emotionen wie z.B. Sorge oder Stolz erzielen sie ihre Wirkung.

Die meisten Comedians spielen mit verschiedenen Emotionen innerhalb einer Darbietung. Mal sind sie z.B. ärgerlich über irgendwas, dann stolz auf etwas und dann über irgendwas beunruhigt. Vielfach wird dabei auch das Prinzip der Übertreibung (*siehe 3.6.2.6*) verwendet.

Lesen Sie dazu folgendes Beispiel von *Bernd Stelter*. Wie bereits angesprochen, kokettiert er gerne mit seiner Freude am Essen.

(Mit stolzer Stimme und Mimik) Ich sollte neulich einer Fürstin ein Autogramm geben und (Wechsel der Emotion) da hatte ich Angst, dass ich mich blamiere. (mit Freude gesprochen) Aber es ist ja schön, es fällt einem im letzten Augenblick noch ein, was man als Kind gelernt hat. Zum Beispiel: Gib' der Tante immer dein schönes Händchen! Das war bei mir immer das linke, weil mit dem rechten hatte ich immer was Fettes oder Klebriges gegessen ...

Übung: Emotional sprechen

► Nehmen Sie sich beliebige Erfahrungen, Situationen, Tatsachen aus dem Alltag und überlegen Sie, welche Emotionen Sie dazu haben, z.B.:

Erfahrungen aus dem Alltag	Emotion
Kettenbriefe ...	finde ich witzig
Roter Kopf vor Aufregung ...	ist mir peinlich
Leberflecken ...	beunruhigen mich
Ein guter Koch sein ...	bin ich stolz drauf
Mutters Sauberkeitsfimmel ...	geht mir auf die Nerven
Geschenk umtauschen ...	fürchte ich mich vor

► Suchen Sie sich nun ein beliebiges Thema aus den Erfahrungen aus. Versetzen Sie sich in die entsprechende Stimmung und erzählen Sie einfach frei heraus alles, was Ihnen dann in den Sinn kommt. Nehmen Sie diese Gedanken auf Band auf.

► Versetzen Sie sich dann zu dem ausgewählten Thema in eine andere Stimmung und lassen Sie auch hier Ihre Ideen wieder munter drauf los sprudeln.

Zum Beispiel fürchten Sie sich davor, ein Geschenk umzutauschen. Gehen Sie nun in die Haltung *„Es nervt mich, ein Geschenk umzutauschen."*

► Nehmen Sie nun einen weiteren Stimmungswechsel vor. Überlegen Sie dann, wie die übertriebene Variante dazu aussieht. Betrachten Sie die Situation aus dieser überzeichneten Emotion und sprechen Sie alles auf Band, was Ihnen dazu einfällt.

Zum Beispiel machen Sie gerne einen Umtausch. Gehen Sie nun in die Haltung, dass Sie es „geradezu abgöttisch lieben", ein Geschenk umzutauschen.

Am Ende der gesamten Übung haben Sie eine Menge Material und Ideen. Vielfach lassen sich aus dem Wechsel von Emotionen zu einem Thema Pointen entwickeln.

3.6.2.4   Ironie und Inkongruenz

Eine spezielle Form der Emotion ist die Ironie. Sie drückt sich darin aus, dass die Emotionen, die in den Worten geäußert werden, sich nicht mit denen in Tonfall bzw. Körpersprache decken.

Welcher Botschaft soll man glauben?

Beispiel: *„Das hast du ja toll gemacht!"*, der Ausruf einer Mutter, deren Kind gerade das Marmeladenregal im Keller umgekippt hat. Diese Unstimmigkeit zwischen Worten, Stimme und Körpersprache heißt in der Kommunikationspsychologie „Inkongruenz". Ein Betrachter weiß nicht, welcher Botschaft er glauben soll. Was ist wahr?

Ein Beispiel von *Rüdiger Hoffmann* (aus der CD „Ich komme") zeigt, wie man durch diese Inkongruenz für Amüsement sorgen kann. Er berichtet über das Zusammenleben mit seiner neuen Bekannten und gibt vor, in Bezug auf deren Eigenarten ganz tolerant zu sein. Das, was er tut, ist aber in den Augen der Zuhörer in keinster Weise „tolerant", wodurch sich dann die Komik ergibt.

Bei ihr habe ich jetzt zum Beispiel festgestellt, dass das Marmeladenglas, nachdem sie es morgens benutzt hat, immer komplett versifft und verklebt ist. Und dass sich in der Marmelade dann oft noch Butterspuren befinden! Manchmal sogar noch Nutella! Igitt, da kommt's mir hoch. – Aber da bin ich tolerant. Ich habe ihr so einen Bereich am Frühstückstisch abgeklebt. Da kann sie tun und lassen, was sie will. Ich habe da so eine abwaschbare Plastikfolie angebracht, auch unter ihrem Stuhl, da kann sie sich einsauen, von mir aus bis zur Unkenntlichkeit. – Da bin ich tolerant.
Ich meine, das ist doch in einer Beziehung ein Geben und ein Nehmen. Sie nimmt sich die Marmelade, wie sie will, und ich gebe ihr den Wischmopp in die Hand.
Wo ich gerade von Wischmopp rede, auch ihre Frisur, da würde ich mich doch nie einmischen, das geht mich doch überhaupt nichts an, das ist doch ihre Frisur!
Nun gut, wenn man eh ein bisschen breiteres Gesicht hat, weiß ich nicht, muss jeder selbst wissen, ob eine Ponyfrisur das Richtige ist oder ob man da nicht doch eher aussieht wie ein Breitmaulfrosch ...

Übung 1: Aus ironischer Einstellung heraus sprechen

Sprechen Sie über ein Thema, das Sie in Wirklichkeit hassen oder kritisch empfinden, in der Weise, als wenn sie es sehr mögen bzw. gut finden würden. Lassen Sie alle Ideen heraussprudeln, wie sehr Sie das Thema gut finden – und zwar mit einem ironischen Unterton.

Übung 2: Stolz auf eine Schwäche sein

Verbinden Sie die Emotion „Ich bin stolz auf …" bzw. „Ich freue mich …" mit einer negativen Persönlichkeitseigenschaft. Die meisten Leute schämen sich dafür, z.B. ein Versager zu sein, aber wenn daraus die Botschaft wird „Ich bin stolz, ein Versager zu sein", steckt darin Comedy-Potenzial.

Denken Sie zurück an *Kapitel 3.2*. Gibt es irgendwas in Ihrer Persönlichkeit, für das Sie sich schämen? Gibt es irgendwelche psychologischen Eigenschaften oder Charakterdefizite oder eine Schwäche, die Sie zu vermeiden versuchen? Haben Sie besondere Merkmale, über die andere Leute gerne lästern?

Nehmen Sie sich einige dieser negativen Persönlichkeitseigenschaften oder Merkmale und verknüpfen Sie diese mit der Einstellung „Ich bin stolz auf …" bzw. „Ich freue mich …"

Beispiel:
> *„Wissen Sie, das ist schon eine tolle Sache – so ein Bandscheibenvorfall. Seitdem schleppt meine Frau die Wasserkisten in unsere Dachgeschosswohnung."*

Lassen Sie nun alle Gedanken, die Ihnen aus dieser Sicht in den Sinn kommen, heraussprudeln. Stellen Sie sich vor, Sie würden jemandem Ihre Gedanken erzählen, um sich gegen ihn zu verteidigen. Bringen Sie alle Vorteile, wieso Sie auf Ihre Eigenschaften stolz sind.

3.6.2.5 Rahmenwechsel

Schauen Sie sich ein beliebiges Bild an der Wand an, das einen Rahmen hat. Stellen Sie sich nun vor, Sie würden den Rahmen wechseln. Stellen Sie sich verschiedene Formen und Farben vor. Entwickeln Sie vor Ihrem geistigen Auge außergewöhnliche Designs, wie z.B. einen schlangenlinienförmigen, kuhfarbenen Rahmen aus Alurohr.

Was passiert mit dem Bild, wenn Sie den Rahmen verändern? Ganz recht. Es bekommt eine andere Bedeutung. Aus dem Stilleben „Obst auf dem Tisch" wird ein avantgardistisches Gemälde, oder aus dem Familienbild mit Oma entwickelt sich romantisches Grauen.

Genau dieses Prinzip wird auch für das Comedy-Writing eingesetzt. Beim „Rahmenwechsel" wird etwas aus dem üblichen Kontext bzw. Rahmen herausgenommen und in einen anderen gestellt, wo es nicht hingehört. Plakativ gesagt: Setzen Sie einen nackten Menschen in einen Bus, dann wird es komisch bis peinlich. Am FKK-Strand fällt er nicht auf, weil es dort normal ist.

Nehmen Sie ein Element aus seinem üblichen Kontext heraus.

Dazu ein Beispiel aus der SAT1-Serie *„Die Wochenshow"*:
Die beiden prominenten Tennisspieler Steffi Graf und André Agassi stehen vor dem Altar. Der übliche Rahmen ist, dass man den Worten des Pfarrers lauscht. In dem Fall schläft der gespielte Agassi aber bei der Predigt im Stehen ein.
Der Gag resultiert nun daraus, dass der Kontext „Tennisplatz" in die Kirche übernommen wird. Die Pointe sieht dann so aus:
Als der Pfarrer sich über den schlafenden Agassi wundert, erklärt die gespielte Steffi Graf: „Er ist nicht mehr als drei Sätze gewöhnt."

Verschiedene Komödien arbeiten genau nach diesem Prinzip. Denken Sie zum Beispiel an den Film „Big". Tom Hanks spielt einen zwölfjährigen Jungen in der Hülle eines körperlich erwachsenen Mannes. Daraus ergeben sich witzige Situationen.

3.6.2.6 Über- und Untertreibung

Die Übertreibung als universelles und wirkungsvolles Stilelement.

Eine sehr wichtige Methode beim Comedy-Writing ist die Über- bzw. Untertreibung. Durch beide Prinzipien entsteht meist ein absurder Kontrast zu den einleitenden Worten für die Pointe.

Meistens geht es darum, eine Sichtweise, eine Beobachtung oder einen Sachverhalt zu übertreiben.

Dazu ein Beispiel von *Bodo Bach* zum Thema „Skifahren":
Ich sag immer, auf den Alpen kann man wenigstens Skifahren, auf Sylt geht das gar nicht. Wir haben es probiert im Januar, aber wir haben es auch ganz schnell wieder bleiben lassen – wie die Gerda dann auf der Schussfahrt von der Wanderdüne in die Feuerqualle reingebrettert ist, da war es vorbei.
Ich sage immer: Skiurlaub tut nur weh. Ja. Unten vom Muskelkater vom Tiefschnee und oben im Kopf vom Strohrum.
Ja, das muss ich Ihnen mal sagen. Ich bin das letzte Mal in dem Skihotel..., bin ich morgens aufgewacht, soo ein Schädel. Es waren noch so um die 80 Wodka-Feige drin.
Plötzlich höre ich draußen einen unheimlichen Lärm, mache das Fenster auf und denke, was ist denn hier los? Soll ich Ihnen sagen, was war? Der Berg ruft. Ich bin raus und brüll: „Halt's Maul, mir ist schlecht!"

Beim Prinzip der Übertreibung wird eine Idee bis zum Äußersten ausgeweitet, wie die folgenden Beispiele von *Gene Perret* verdeutlichen.
Ein Freund von mir hat soviel Bauch, dass seine Füße verschwinden, wenn er aufsteht. Eines Tages überquerte er die Straße und wurde von einem Volkswagen erfasst. Sie denken wahrscheinlich, dass dabei ernsthafter Schaden entstanden ist. Stimmt, sie haben bis heute den Volkswagen nicht wieder gefunden.

Sie können auch dadurch ausgefallene Vorstellungen erzeugen, indem Sie Farben hinzufügen. In Bezug auf die Person des o.g. dicken Mannes könnte man die Geschichte fortführen und sagen:

Eines Tages trug er ein knallgelbes Shirt. Als er wartend an einer Ecke stand, kam ein Mann vorbei und warf ihm einige Briefe in den Mund.

Wenn Sie die Technik der Übertreibung einsetzen, dann erfordert das auf jeden Fall einen gewissen Mut. Vielfach denkt man nämlich in Begriffen wie: *„Was ist logisch?"* Comedy muss aber nicht logisch sein. Es geht nicht darum, eine Geschichte zu erzählen, die logisch ist, sondern vielmehr eine Geschichte zu erzählen, die lustig ist.

Haben Sie den Mut, sich von der Logik zu lösen.

Das zeigen auch folgende Beispiele von *Gene Perret*:
Mein Hund ist ein bisschen brutal. Wenn er Sie mag, leckt er Ihnen nicht die Hand. Er lässt sie Ihnen dran.

Oder:
Eines Tages bat mich mein Kumpel, den Hund füttern zu dürfen. Ich sagte: Er hat gerade gegessen. Aus seinem Maul riecht es nach Postbote.

An Stelle der Übertreibung können Sie natürlich auch mit Untertreibung arbeiten. *Walter Halbiger* empfiehlt dafür, viel Aktion oder Chaos in eine beschriebene Situation zu bringen und dazu einen belanglosen Text zu produzieren, der in einem absurden Kontrast zum Geschehen steht.

Die Untertreibung.

Beispiel:
Stellen Sie sich die Situation vor, in der ein Fahrschulwagen völlig zertrümmert an einer Laterne steht und eine Person des Weges kommt und fragt: „Nach wie vielen Autos schaffen Ihre Schüler im Schnitt die Fahrprüfung?"

Oder:
Ein Ehemann hat ein Bild über den Kopf gehauen bekommen. Mit kariertem Blick schaut er aus dem Rahmen. Seine Frau sagt mit freundlicher Mimik: „Ich finde, wir sollten lernen, etwas harmonischer zu streiten."

Übung: Die Extrem- bzw. Extensions-Technik

In einem Artikel von *Eduard G. Kaan* in *managerSeminare, Heft 67, Juni 2003*, zum Thema „Kreativ sein mit Methode" findet sich eine weitere nützliche Methode mit dem Namen „Extrem- bzw. Extensions-Technik", die nach dem Prinzip der Übertreibung arbeitet. Ich habe sie ein wenig für das Comedy-Writing abgewandelt.

Die Extrem- bzw. Extensionstechnik verändert das Ursprungsproblem, indem einzelne Elemente extrem übertrieben werden. Ziel ist es, die Vorstellung, wie etwas „normalerweise" zu sein hat, zu verändern und dadurch eine neue Sicht auf das Problem bzw. Thema zu erlangen. Durch starkes Übertreiben einzelner Elemente wird das Denken buchstäblich in neue Bahnen gezwungen. Das Vorgehen erfolgt in drei Schritten:

Schritt 1:
Listen Sie die einzelnen Elemente, Funktionen, Eigenschaften zu einem Thema auf.

Beispiel: Wie drückt sich Sozialkompetenz aus?
- Man weiß, welche Bedürfnisse man hat und handelt danach.
- Guten Kontakt zu anderen Menschen herstellen können.
- Konflikte erkennen und ansprechen.
- Sich selbst organisieren können.
- Sich in andere einfühlen können.
- …

Schritt 2:
Übersteigern Sie jetzt diese Elemente in das positive oder negative Extrem. Je absurder das Extrem, desto anregender ist es meistens.

Beispiel: Übersteigerungen zum Stichwort Sozialkompetenz
- Sucht zur Bedürfnisbefriedigung. Man bekommt Zittern wie ein Alkoholiker, wenn man seine Bedürfnisse nicht erfüllt. Man muss zur Therapie, weil man alle Bedürfnisse bei sich

Übung: Die Extrem- bzw. Extensions-Technik

ständig so intensiv wahrnimmt, dass man nicht mehr in der Lage ist, eine rote Ampel zu sehen.

▶ Kontaktnudel: Wenn die Person auf die Straße geht, muss sie einfach jeden ansprechen. Sie nimmt so gerne zu anderen Kontakt auf, dass sie auch mit Pflanzen und Litfasssäulen spricht.

▶ Konflikttourist: Jemand, der soviel Spaß an Konflikten hat, dass er immer dahin reist, wo die größten Konflikte zwischen Menschen toben. Der Spaß reicht soweit, dass er von den Menschen Fotos macht, Auseinandersetzungen auf Video aufnimmt und zu Hause ein spezielles Archiv hat, wo er alle nur denkbaren Konflikte sammelt wie andere Briefmarken. Die Person liebt Konflikte wie andere Leute ihre Haustiere. Es ist eine abgöttische Liebe, so wie kleine Mädchen eine Barbiepuppe lieben, Kleingärtner ihren Vorgartenzwerg, Kuckucks fremde Nester.

▶ ...

Schritt 3:
Versuchen Sie nun, mit diesen absurden Ideen so lange im Kopf zu spielen, bis daraus Ideen für Gags entstehen.

Beispiel: Gag-Ideen aus Übersteigerungen der Sozialkompetenz

▶ *Viele Menschen erkennen ja heutzutage gar nicht mehr, was für Bedürfnisse sie haben. Sie sind in ihrer Wahrnehmung so abgestumpft, dass sie beispielsweise bei einem Delirium Tremens glauben, die Stadt würde von einem Erdbeben erschüttert.*

▶ *Wissen Sie, woran man einen sozialkompetenten Menschen erkennt? Er ist unheimlich kommunikativ. Der verwickelt sogar eine Litfasssäule in ein Gespräch.*

▶ *Es gibt leider viele Führungskräfte, die nicht gerne Konflikte mit Mitarbeitern eingehen. Sie mögen es lieber harmonisch. Sie sprechen ungern Mitarbeiter an, wenn deren Leistungen nicht stimmen. Eine gute Führungskraft sollte jedoch Konflikte eben so sehr lieben wie die Oma ihren Rauhaardackel.*

3.6.2.7 Erwartungshaltungen heftig enttäuschen

Was würde man auf gar keinen Fall erwarten?

Das Prinzip einer Pointe ist, dass sie aufgebaute Erwartungen enttäuscht. Dies können Sie sich anhand folgender Übung verdeutlichen:

Übung: Hand reichen

Reichen Sie einem Menschen die Hand zum Gruß. Er wird Ihnen ganz automatisch auch seine Hand reichen. Denn dieses Verhalten ist in unserer Gesellschaft gut verankert. Nehmen Sie dann im letzten Moment Ihre Hand weg. Bei Ihrem „Opfer" entwickelt sich meist ein kurzes Vakuum im Kopf. Die Person ist irritiert, weil sie fest erwartet hat, Ihnen jetzt die Hand zu schütteln.

Versuchen Sie für normale Sachverhalte etwas zu finden, was nicht der Erwartung entspricht. Lesen Sie z.B. die überraschende Ursache, die *Gene Perret* für seine Armverletzung als Gag nutzte:

> *Meine Damen und Herren. Ich weiß, dass Sie sich fragen, warum ich diese Armbinde trage. Okay – gibt es jemanden hier, der kürzlich das Buch „Die Lust am Sex" gekauft hat? Auf Seite 204 ist ein Druckfehler.*

Perret kam auf den Joke, indem er sich gefragt hat: *„Was glauben die Zuschauer normalerweise, wenn ich diese Armbinde trage?"* Vielleicht ein Sportunfall, die Treppe runter gefallen, etc.

Durch die Frage *„Was würde man auf keinen Fall erwarten"* kam er dann auf die beschriebene Pointe. Sie ist geprägt durch die unerwartete Information und durch eine Portion Übertreibung.

Verknüpfungstechnik

John Vorhaus verwendet die folgende Technik, um auf Ideen zu kommen, die den üblichen Erwartungen vollständig widersprechen. Auch hierbei steht im Vordergrund, Rohmaterial für Gags zu entwickeln. Gehen Sie nicht davon aus, dass Sie durch das beschriebene Vorgehen gleich einen „tollen" Gag produzieren.

Schritt 1: Schreiben Sie zu Ihrem Thema Beobachtungen aus dem Alltag nieder. Notieren Sie einfach alles, was Ihnen zu dem Thema einfällt.

Schritt 1: Beobachtungen sammeln.

Beispiel Mitarbeiterbeurteilung: Der Hintergrund dafür ist ein Führungstraining. In diesem soll den Führungskräften vermittelt werden, worauf es ankommt, um gute Leistungsrückmelde- und -beurteilungsgespräche zu führen. Die Einfälle und Beobachtungen:

▶ Zeitmangel für Gespräche: Viele Führungskräfte klagen, dass sie gar nicht die Zeit haben, mit Mitarbeitern in der Intensität zu sprechen, wie es Mitarbeiterbeurteilungsgespräche erfordern. Das operative Tagesgeschäft frisst sie auf. Deshalb erfolgen die Gespräche oft zwischen Tür und Angel oder gar nicht. Mitarbeiter fühlen sich auf diese Weise vernachlässigt oder sie haben den Eindruck, alles ist in Ordnung. Sie gewinnen auch den Eindruck, solche Gespräche sind nicht so wichtig. Sonst würden sie ja geführt.

▶ Beurteilungsfehler: „Nasenfaktor" statt harte Facts. Mitarbeiter haben den Eindruck, dass „Sympathie" die Beurteilungen und die damit verknüpften Gehaltserhöhungen beeinflusst.

▶ Notizen in Beurteilungsbögen: Beurteilungsbögen sind so ausgefüllt, dass nicht erkennbar ist, was von Mitarbeitern konkret erwartet wird. Vielfach wird zu positiv eingestuft.

▶ Konfliktvermeidung: Wenn Mitarbeiter nicht die geforderten Leistungen bringen, sollte die gute Führungskraft dies auch thematisieren. Manche Führungskräfte vermeiden dies lieber, weil es zu unangenehmen Situationen führen kann. Sie haben Angst, dass die Mitarbeiter sie „nicht mehr mögen" könnten.

▶ Anerkennung fehlt: Gute Leistungen werden zu selbstverständlich erwartet. Konkretes Lob und Anerkennung kommen zu kurz. Verbesserungsideen werden nicht gewürdigt und gewertschätzt. Mitunter werden solche Ideen übernommen und als die eigenen ausgegeben.

▶ Feedback: Im Rückmeldegespräch wird den Mitarbeitern zu wenig wertschätzend und konstruktiv gesagt, was sie besser machen sollen. Es gibt globale Vorwürfe.

▶ Nachhalten: Vereinbarungen aus Konfliktgesprächen werden nicht konsequent eingefordert. Wenn ein Mitarbeiter dann nicht wie vereinbart Aktivitäten umsetzt, wird dies nicht zum Thema gemacht.

▶ ...

Schritt 2: Was würde man niemals erwarten?

Schritt 2: Stellen Sie sich nun die Frage: *„Was würde ich niemals zum Thema bzw. zu den gefundenen Beobachtungen erwarten? Was steht dazu im krassen Gegensatz?"* Notieren Sie ohne kritische Bewertung alle Einfälle.

Beispiel: Was man zum Thema Mitarbeiterbeurteilung nie erwarten würde.

▶ Vorgesetzter setzt sich in Hot Pants an den Tisch.
▶ Mitarbeiter raucht wie ein Schlot einen Joint.
▶ Vorgesetzter und Mitarbeiter prosten sich mit einem Bier zu und beschließen, den ganzen Firmenstress im Alkohol zu ersäufen.
▶ Das Gespräch findet abends in einer schnuckeligen Bar statt. Da hat man mal Zeit füreinander.
▶ Die Ehefrau des Mitarbeiters sitzt im Gespräch häkelnd daneben, damit ihr Schatz nicht über den Tisch gezogen wird.
▶ Der Vorgesetzte hat seine Kinder mitgebracht, die munter herumtoben. Wenn der Mitarbeiter das nächste Mal seine Leistungen nicht verbessert, so droht der Vorgesetzte, bringt er seinen Pitbull mit.
▶ ...

Vielleicht stellen Sie bei Ihren ersten Versuchen mit dieser Frage fest, dass Sie in Ihrem „normalen" Denken sehr gefangen sind. Es fällt Ihnen schwer, gegensätzliche Erwartungen zu finden.

Erinnern Sie sich zurück an das *Kapitel 3.5,* in dem die Rede von kreativen Fähigkeiten ist. Querdenken will trainiert sein.

Schritt 3: Gehen Sie nun noch mal alle Gedanken aus Schritt 1 und 2 durch. Bringen Sie die verschiedenen Ideen miteinander in Beziehung. Denken Sie an das Bild des Scrabble-Spiels für den Prozess des Gag-Writings *(siehe Kapitel 2.1).* Vielleicht ergibt sich ein Ansatzpunkt für einen passablen Gag. Wenn nicht, versuchen Sie es mit einer anderen Technik.

Schritt 3: Verknüpfung von Beobachtung und krassem Gegensatz.

Beispiele für Gag-Ideen:
> *Führungskräfte haben ja oft zu wenig Zeit für Mitarbeiter-gespräche. Neulich habe ich mich deshalb abends mit meinem Chef in einer Bar getroffen: (mit schwuler Stimme und Handhaltung gesprochen) Da hatten wir endlich mal Zeit für einander.*

Oder:
> *Vielen Führungskräften wirft man vor, sie seien zu weich. Obwohl Mitarbeiter nicht die geforderten Leistungen bringen, hat das keine Konsequenzen. Das wird jetzt anders werden. Wer Vereinbarungen nicht einhält, wird vom Chef eingeladen: Als Abendessen für seinen Pitbull.*

Der Türklingeleffekt

Im Prinzip ähnlich ist die Technik namens „Türklingeleffekt" von *John Vorhaus.* Auch hierbei geht es um die Enttäuschung von Erwartungen.

Die Bezeichnung „Türklingeleffekt" ergibt sich aus der Alltagsbeobachtung, dass man die Türglocke bimmeln hört und ganz sicher erwartet, dass jemand vor der Tür steht. Folglich geht man hin, um zu öffnen und siehe – keiner da!

Prinzip: Aufbau einer besonders starken Erwartungshaltung, die dann enttäuscht wird.

Als Regel steckt dahinter: Bauen Sie für die Person, um die es in Ihrem Gag geht, eine sehr starke Erwartungshaltung für ein bestimmtes Ergebnis auf. Sorgen Sie dafür, dass Ihr Publikum denkt, dass diese Erwartungshaltung unbedingt gültig ist, und dann enttäuschen Sie diese Erwartungshaltung so heftig wie möglich.

Beispiel:

Vermutlich kennen Sie den Kultfilm „Das Leben des Brian" von der Monty-Python-Gruppe. In einer Szene versteckt sich Brian im Haus, weil die Römer ihn suchen. Diese suchen alle Ecken ab, bis auf eine, in der sich nämlich Brian versteckt. Ohne Sucherfolg verlassen Sie das Haus. Die normale Erwartung ist, dass die Römer nicht noch einmal wiederkommen, um sich diese Ecke anzuschauen, und genau das wird enttäuscht.
Die Römer kommen nämlich kurz danach zurück und gucken sich genau diese eine Ecke an. Der Gag ist der, dass dadurch die Erwartung von Brian und auch die Erwartung von den Zuhörern völlig enttäuscht wird.

Starke unpassende Reaktionen finden

Prinzip: Es wird eine völlig unpassende Reaktion erzeugt.

Einen weitere Variante ist die Technik „Starke unpassende Reaktionen finden". Sie bietet einen anderen Zugang, um Ideen zu entwickeln, wie man Erwartungen enttäuschen kann.

Stellen Sie sich folgende Situation vor: Sie gehen in eine katholische Kirche zum Gottesdienst und der Pfarrer fängt plötzlich vorne an zu rappen wie der Musiker Eminem.

Diese Reaktion des Pfarrers stellt ein Beispiel für eine stark ausgeprägte unpassende Reaktion dar. Weniger effektvoll wäre es, wenn der Pfarrer begänne, „Lobet den Herrn" auf der Blockflöte anzustimmen. Dies wäre wahrscheinlich eher eine schwache bis mittelstark unpassende Reaktion.

Nutzen Sie dieses Prinzip der starken unpassenden Reaktion auf eine bestimmte Situation, um Ideen für Pointen zu gewinnen. Je unvereinbarer Situation und Reaktion sind, um so bemerkenswerter und lustiger wirkt häufig eine solche Vorstellung auf Ihr Publikum.

John Vorhaus empfiehlt folgendes Vorgehen, um auf Ideen zu kommen.

Schritt 1: Notieren Sie in Kurzform Situationen aus dem Alltag, die Ihnen zu Ihrem Thema einfallen. Beschreiben Sie die Szene verständlich in einem Satz.

Schritt 1:
Alltagsbeobachtung.

Beispiel zum Thema Konflikte:
- ► Eine Mutter steht mit ihrem fünfjährigen Kind an der Kasse. Das Kind will eine Süßigkeit haben und brüllt, weil der Wunsch nicht erfüllt wird.
- ► In langen Beziehungen werden kleine Konflikte zu großen Konflikten. Er schnarcht – Sie kann nicht schlafen. Irgendwann schlafen sie in getrennten Betten.
- ► Zwei Leute wollen den gleichen Parkplatz.
- ► Die Nichtraucher wollen, dass im Büro nicht geraucht wird.

Schritt 2: Stellen Sie sich nun die Frage: Was wäre eine starke, völlig unpassende Reaktion in der jeweils beschriebenen Situation? Was würde keiner tun? Was wäre ungewöhnlich? Wie könnte man eine normale Reaktion bis ins Absurde übertreiben? Notieren Sie alle Einfälle ohne kritische Bewertung.

Schritt 2: Beschreibung
einer völlig unpassenden
Reaktion.

Beispiel: Was würde keiner tun?
Eine Mutter steht mit ihrem fünfjährigen Kind an der Kasse. Es will eine Süßigkeit haben und brüllt, weil der Wunsch nicht erfüllt wird.

Die Mutter:
- ► gackert wie ein Huhn.
- ► halbiert mit einem Handkantenschlag den Einkaufswagen.
- ► rennt aus dem Laden und fliegt nach Brasilien.

Das Kind:
- ► trommelt alle Kinder im Laden zusammen und alle brüllen.
- ► zieht eine Zigarette aus der Hose und raucht eine.
- ► entlässt die Kassiererin und sucht sich eine neue Mutter.

Die Kassiererin:

▶ geht zum Gefrierfach und holt sich eine Packung Spinat zur Abkühlung.

▶ ruft beim Pfarrer an und bittet um Absolution.

▶ nimmt sich den Azubi und brennt mit ihm durch.

Schritt 3: Die Verknüpfung der beiden vorangegangenen Schritte.

Schritt 3: Gehen Sie nun noch mal alle Gedanken aus Schritt 1 und 2 durch. Lassen Sie sich dadurch zu Gags inspirieren.

Beispiel für Gag-Ideen:

Mütter sind die besten Konfliktmanager auf dieser Welt. Müssen Sie auch. Denn mit Kindern gibt es ständig Konflikte (mit quäkiger Stimme eines Kindes): „Nein, Mama, ich mag keine Tomaten." (Pause) „Kaufst Du mir ein Mars?" (Pause) „Warum schmeckt das aus den Ohren besser als das aus der Nase?"

Oder:

Als Mutter braucht man da Nerven wie Drahtseile. Bei meiner Mutter war das nicht so. Der riss ständig der Geduldsfaden. Deshalb hat sie einen Seiler geheiratet. Der wusste wenigstens, wie man Fäden wieder zusammenflickt.

Sicher haben Sie sich beim Lesen gewundert, dass keine der Ideen Verwendung gefunden haben, die mir spontan beim Schritt 2 eingefallen sind. Das soll Ihnen verdeutlichen, wie Kreativität funktioniert. Aufgrund der Vorüberlegungen kamen mir plötzlich die dargestellten Gedanken in den Sinn.

Als ich z.B. die Idee „Nerven wie Drahtseile" hatte, habe ich mich gefragt, welche Berufsgruppe wohl gerissene Drähte flickt. Mir fielen zuerst Klempner ein. Das passte aber nicht zu der Idee „das jemandem der Geduldsfaden reißt". Bei der Frage, welche Berufsgruppe mit Fäden zu tun hat, kamen mir Gedanken wie „Schneider", „Näher" bzw. „Seiler". Am treffendesten erschien mir ein Seiler, woraus die Pointen-Idee resultierte, dass ein Seiler auch Geduldsfäden wieder zusammenflicken kann.

3.6.2.8 Vorstellungen erzeugen, bildhafte Vergleiche, Metaphern

Viele Jokes sind deshalb witzig, weil sie in der eigenen Vorstellung ein witziges Bild entstehen lassen. Sie erzeugen einen guten bildhaften Vergleich, der überrascht. Dies wird vielfach durch die Technik der „Übertreibung" erreicht. Ein Comedian stellt ein extremes, geradezu absurdes Bild zu allgemeinen Bezugserfahrungen her.

Erzeugen Sie verzerrte Bilder zu allgemeinen Bezugserfahrungen.

Beispiel von *Gene Perret*:
> *Meine Schwiegermutter ist so groß – als sie einmal ein graues Kleid trug, wurde sie von einem Kriegsschiffadmiral geentert.*

Hier wird das übertriebene Bild erzeugt, dass die Frau riesengroß ist und daher aufgrund der Kleidfarbe wie ein Kriegsschiff aussieht.

Wenn Sie Gags schreiben, halten Sie sich zunächst das realistische Bild vor Augen. Verzerren und übertreiben Sie dann die Tatsachen, um so in Ihrer Vorstellung zu einem witzigen Bild zu kommen.

Beispiel von *Gene Perret*:
> *Sex ist wie Luft. Man vermisst ihn nicht – solange, bis man keinen hatte.*

Beim bildhaften Vergleich wird eine Person, eine Sache oder eine Situation mit einer anderen verglichen.

Beispiel von *Bernd Stelter*:
> *Und dann kommt Heiligabend – und kaum 48 Stunden auf der Autobahn, und Weinachten ist schon wieder vorbei. (mit gedrückter Stimme) Und dann bin ich immer ganz traurig. Und dann tröstet mich mein „Hasenzahn" immer und sagt: „Sei nicht traurig. Weihnachten ist ein bisschen wie du, Bernibärchen. Kommt ein bisschen zu früh, ist ein bisschen zu schnell vorbei und man kann sich trotzdem immer wieder drauf freuen."*

Der bildhafte Vergleich wird typischerweise mit dem Wort „wie"
eingeleitet, was das nachfolgende Beispiel verdeutlicht.

Beispiel von *Gene Perret*:
> *Da war dieser Typ neben mir, der aussah wie ein Tintenfisch in
> Stretchhose …*

Je überzogener oder schockierender der Vergleich, desto witziger
ist er in der Regel.

In der RTL-Serie „7 Tage, 7 Köpfe" bringt *Mike Krüger* folgendes
Bild zu der Big-Brother-„Ex" Jenny Elvers. Die Zote funktioniert
durch den Umstand, dass sie einen sexuell etwas fragwürdigen Ruf
genießt.
> *Ich habe mich mit Jenny nicht eingelassen. Warum? Wie soll ich
> das erklären. Ich möchte das mal mit Gummistiefeln vergleichen.
> Man kommt leicht rein, aber zum Ausgehen kann man sie nicht
> benutzen.*

Bernd Stelter führt den Gag fort:
> *Jenny sagt ja jetzt, Alex wäre der Vater. (mit langgezogener
> Stimme) Jenny sagt das! Aber mal ehrlich. Wenn Sie mit der
> Hand in die Kreissäge kommen, wissen Sie hinterher auch nicht,
> welcher Zacken es war.*

*Mit Übertreibungen
erzeugen Sie starke
Vorstellungsbilder.*

Sichten Sie Ihr eigenes Material danach, wo sich Ansatzpunkte für
solche bildhaften Vergleiche ergeben. Fragen Sie sich auch, wo Sie
noch stärkere Vorstellungsbilder erzeugen können. Dies ist zum
Beispiel der Fall, wenn Sie jemanden beschreiben.

Zum Thema Übergewicht sagt der etwas rundliche *Jürgen von der
Lippe* zu seinem schlanken Sketchpartner:
> *Ich möchte das nicht mit jemandem diskutieren, der, wenn er
> zwei Bauchnabel mehr hätte, als Blockflöte gilt.*

Ein anderes Beispiel für ausgefallene Vorstellungsbilder stammt
von *Atze Schröder* zum Thema „Schleswig-Holstein":
> *Die Ministerpräsidentin von Schleswig-Holstein, Heide Simonis,
> was für eine Frau! Ich sag es extra noch mal dazu: Was für eine*

*Frau! Diese Frisur! Was die auf dem Kopf hat, das trägt Angela
Merkel allein an der Wade.*

*Und das Essen in Schleswig-Holstein. Super! Auf so was muss
man erst mal kommen. Labskaus. Labskaus, so was kriegen
normalerweise nur Sanitäter zu sehen. Mit Labskaus würden die
im Schwarzwald nicht mal einen Hundezwinger streichen.*

*Das Land ist ja auch berühmt für seine leichten Landweine:
Bölkstoff, Pharisäer, Küstenebel. Nee, das schmeckt, oder?*

*Der Schleswig-Holsteiner drückt sich nicht wortkarg aus, er ist
präzise! Ich komme letztens in Büsum in die Hafenkneipe. Da
sitzt da so ein Käpt'n Blaubär und zieht sich so eine Matjes rein.
Da frage ich so: „Hallo Meister, stippt der Hering auch gut?"
Guckt der mich an und sagt: „Oben kaue ich noch dran und
unten sitze ich schon drauf."*

Übung: Bildhafte Vergleiche finden

Bei dieser Übung geht es darum, Ideen für bildhafte Vergleiche
zu entwickeln. Formulieren Sie dazu einen Einleitungssatz und
finden Sie dann als Vergleich ein übertreibendes, schockieren-
des oder absurdes Bild.

Beispiele

Einleitungssatz:	„Du schaust mich an …
Bildhafter Vergleich:	… wie ein Affe auf dem Schleifstein."
Einleitungssatz:	„In Deiner Reithose siehst Du aus …
Bildhafter Vergleich:	… als hättest Du das Pferd auch in der Hose."

Schreiben Sie einfach alles nieder, was Ihnen gerade einfällt. Es
gibt kein Richtig oder Falsch.

3.6.2.9   Details ausschmücken

Um Bilder und Vorstellungen zu erzeugen, sind Detailbeschreibungen sehr wichtig. Vielfach besteht der Hauptunterschied zwischen einem guten und einem sehr guten Witz darin, dass die damit verbundenen Vorstellungen viel detaillierter sind.

John Vorhaus verdeutlicht dies, indem er sagt:
> *Warum nur über einen Hund reden, wenn Sie den Hund beschreiben können als einen cholerischen Rottweiler, auf dessen Hinterteil die Worte tätowiert sind: „Born to be wild."*

Details schaffen Emotion und stärken die Vorstellungskraft.

Solche Einzelheiten bzw. Details sind in zweierlei Hinsicht nützlich. Zum einen sorgen sie dafür, dass Ihre Geschichte für den Zuhörer sehr viel lebendiger wird. Details tragen dazu bei, dass sich die Leute tiefer in die Geschichte hineindenken können. Sie werden auch mehr emotional davon berührt. Es wird eine stärkere Spannung erzeugt, die sich dann in einem Lacher entladen kann.

Zum anderen erhält Ihr Publikum durch solche Details ein klareres Gefühl bzw. ein klareres Bild über Ihre Geschichte.

Machen Sie sich dies einfach an folgendem Beispiel klar:

Beispiel 1:
> *Ein Mann fährt die Straße runter. An einer Ampel hält er an, um sich eine Zigarette anzuzünden.*

Beispiel 2:
> *Ein Mann mit einem riesigen Sonnenhut, einer dicken, goldenen Sonnenbrille und einem Schnurrbart, der so lang war, dass er fast hätte drauftreten können, fuhr die Straße herunter. Er stoppte an der Ampel, zündete sich eine von diesen extrem stinkenden Mentholzigaretten an und packte sie zwischen seine dicken, wulstigen Lippen.*

Sicher haben Sie erkannt, dass bei der zweiten Geschichte viel mehr Detailbeschreibungen vorhanden sind. Sie schaffen ein lebendigeres Vorstellungsbild. Dazu wurde noch die oben genannten Technik der Übertreibung verwendet.

Die Leitfragen für das genannte Beispiel sind:
▶ Habe ich die Detailinformationen weit genug ausgeführt?
▶ Sollen es einfache Zigaretten sein oder von John Player oder besser Menthol-Zigaretten?

Während Sie mit den verschiedenen Einzelheiten herumexperimentieren, entwickelt sich schließlich das fertige Resultat, das die beste Wirkung hat.

Bitte denken Sie daran, die Methode der Details nicht über Gebühr zu strapazieren. Leicht passiert es, dass die Geschichte mit Details überfrachtet ist. Die Pointe kommt dann nicht mehr zur Geltung. Es gibt einen schmalen Grad zwischen amüsierenden und ablenkenden Details. Hier das richtige Feingefühl zu entwickeln, ist nicht immer ganz einfach.

Details müssen stets klug dosiert bleiben.

Ein schönes Vorbild für eine bilderreiche Sprache ist *Atze Schröder*. Hier ein Auszug, in dem er über sich als Autofahrer erzählt:

Da zieht vor mir so ein cremefarbener Jetta raus. Vorne so eine mumifizierte Rheumadeckenbesatzung. Cordhut. Wackeldackel, gehäkelte Klorolle – das komplette Ensemble. Und ich hab' mir gedacht – Schröder, ruhig bleiben! Du bist ein ruhiger Fahrer. Wer weiß, was bei den beiden in den letzten 30 Jahren nach der Silberhochzeit alles schief gelaufen ist. So ist er, der deutsche Rentner. Fährt 850 Kilometer im Jahr – und wenn schon Autobahn, dann als ehrenamtlicher Stauführer, is' klar. So nach 220 Kilometern zog er auch schon wieder rechts rein. Hatte sage und schreibe einen LKW überholt. Glückwunsch!

Meister der bilderreichen Sprache: Atze Schröder

Bernd Stelter erzählt die Geschichte von seinem Nachbarn. Dessen 16-jährige Tochter ist schwanger. Und das raubt dem Vater den Verstand. Stelter beginnt mit den Worten:

Es gibt vor der Hochzeit nur eine einzige relevante Frage, und diese Frage lautet: Wie alt ist die Braut? Da gibt es ein gewisses Mindestalter. Nehmen wir meinen Nachbarn. Die Tochter ist 16. Und die kommt nach Hause und sagt: „Ich fürchte, ich bin schwanger." Ein Test zeigt dann auch, dass es stimmt, und der Vater dreht voll durch. „Du ruinierst dir das ganze Leben! Welcher Idiot ist der Vater?" Die Tochter zieht ein Handy und ruft ihn an.

Zehn Minuten später fährt bei uns in der Reihenhaussiedlung ein steingrau-metallic-farbener Ferrari F 550 Maranello vor. Und aus diesem Auto steigt ein ungefähr 30-jähriger, 1,90 Meter großer, sehr gut aussehender Mann mit goldener, randloser Brille und dunkelgrauem Armani-Anzug.

Und er geht auf den Vater zu und sagt (mit kühler Stimme): „Dass das feststeht: Ich werde Ihre Tochter nicht heiraten. Aber wenn es ein Junge wird, dann kriegt er eine Fabrik und eine Million Euro in bar. Und wenn es ein Mädchen wird, kriegt sie eine Boutique und eine Million Euro in bar. Und wenn es Zwillinge werden, dann kriegen beide eine Discothek und jeweils 500.000 Euro in bar. Und wenn es aber nichts wird ..."

Da unterbricht ihn der Vater und sagt: „Bist du bescheuert? Da kommst du vorbei und probierst es noch mal."

Übung: Eine Geschichte mit Details ausschmücken

Schreiben Sie die folgende Geschichte in der Weise um, dass Sie diese mit passenden Details ausschmücken.

Es war wieder mal Zeit, die Uhr auf Sommerzeit umzustellen. Eine Frau wachte morgens auf, ging durchs Haus und stellte alle Uhren um. Sie stellte die Uhr in der Küche um, sie stellte die Uhr im Wohnzimmer um, sie stellte die Uhr im Schlafzimmer um. Das Telefon klingelte. Es war ihre Mutter dran, die fragte: „Na, hast Du Dich daran erinnert, alle Uhren umzustellen?"

3.6.2.10 Wortspiele

„Wortspiele" arbeiten nach dem Prinzip, dass eine Formulierung oder eine Aussage nicht in ihrer offensichtlichen Bedeutung verstanden, sondern sozusagen in ihrer „anderen Bedeutung" aufgefasst wird. Aus dieser Form des „Missverständnisses" resultiert der Lacher.

Ein Begriff – zwei Bedeutungen.

Beispiele:

Wissen Sie, was Meinungsaustausch heißt? Ich sage Ihnen meine Meinung und komme mit der Ihrigen zurück.

Oder:

Und sogar der Hund macht Weihnachten nicht Platz, sondern „Plätzchen".

Oder:

Wie fanden Sie das Schnitzel? Nicht gleich – unter dem Salatblatt.

Solche Wortspiele sind für einen Zuhörer mit zu lösenden Rätseln vergleichbar. Er muss die Doppeldeutigkeit erkennen. Wenn diese Doppeldeutigkeit zu weit hergeholt ist, dann ist es unmöglich für ihn, dieses Rätsel zu lösen. Kurzum, er versteht den Joke nicht.

Die Doppeldeutigkeit muss verstanden werden, sonst geht der Schuss daneben.

3.6.2.11 Sich selbst auf die Schippe nehmen / Selbstironie

In *Kapitel 3.2* haben Sie sich bereits mit der Frage befasst, was Ihre eigene Originalität ist. Was sind Ihre besonderen Merkmale im Aussehen oder im Charakter? Was ist für Sie typisch?

Ziehen Sie sich doch selbst einmal durch den Kakau.

Mit diesem Wissen können Sie Gags produzieren, in denen Sie sich über sich selbst lustig machen. Der Lacher resultiert aus der Tatsache, dass Sie sich zu einem Thema „selbst durch den Kakao ziehen", das für Ihr Publikum ganz offensichtlich mit Ihrer Person zusammenhängt.

Bei dem Beispiel von *Bernd Stelter* geht es darum, dass Comics künftig an die Zielgruppe der 30-Jährigen adressiert werden sollen.

> *Früher, als ich noch ein kleiner dicker Junge war, da gab es auch schon Mickey-Maus-Hefte. Aber die waren teuer. Die kosteten 1,80 Mark. Viel Geld. Da musste ich immer vor der Schule beim Kaufmann ganz genau überlegen: Entweder ein Mickey-Maus-Heft oder ein Cornetto Nuss für eine Mark, ein Negerkussbrötchen für 30 Pfennig und 10 Nappos. (Pause, Nachdenklichkeit) Ich habe mir nie ein Mickey-Maus-Heft gekauft.*

Dieser Joke zielt ganz klar auf seine Freude am Essen.

3.6.2.12 Schocken

Von Vorteil für einen Komiker ist, dass er Dinge sagen darf, die normale Menschen nicht sagen würden. Sein Verhalten schockt vielfach normale Leute. Sie sind überrascht, wie es jemand wagen kann, bestimmte Dinge öffentlich auszusprechen, die man sonst höchstens mit engen Freunden austauscht. Folglich lachen wir nicht nur über den Witz, sondern auch noch über den Wagemut.

Lacher durch Tabubrüche erzeugen.

Beispiel *Harald Schmidt*:
Und aus Hollywood der neueste Trend: Füllige Frauen sind im Trend in Hollywood! Frauen mit Kurven. Sie haben es vielleicht festgestellt, bei der Oscar-Verleihung in Hollywood. Drew Berrymore, Helen Hunt, Jennifer Lopez – üppige Frauen prägen das Schönheitsideal. Für Sharon Stone gilt das auch. Sharon Stone ist mittlerweile so dick, man würde in „Basic Instinct" überhaupt nicht mehr sehen, ob sie einen Slip trägt.

Manchmal sind bestimmte Aussagen überhaupt nicht witzig. Der Lacher resultiert nur daraus, das jemand etwas sagt, was sonst keiner aussprechen würde.

Achtung: Diese Technik hat das Potenzial, jede Menge Porzellan zu zerschlagen. Sie sollten diese daher auf keinen Fall sorglos anwenden, sondern vorher unbedingt abschätzen, wieviel Sie Ihrer Zielgruppe zumuten können.

3.6.2.13 Humor auf Kosten anderer

Im Kern geht es bei dieser Technik darum, dass einzelne Personen oder bestimmte Gruppen von Menschen angegriffen werden.

Beispiel von *Bernd Stelter*:
> *Dass Frauen Probleme beim Einparken haben, ist nicht neu. Ich war heute noch in einer Tiefgarage, da stand ein großes Schild: Frauenparkplätze – Bitte fünf Plätze frei halten.*
> *Ich bin doch der letzte, der sagt, Frauen fahren schlechter. Ich sage nur, Frauen fahren anders als Männer. Wenn ein Mann in eine Radarfalle fährt, dann blitzt es, fährt eine Frau in eine Radarfalle, dann scheppert es.*

Angreifender Humor ist stets eine Gratwanderung.

Solch „angreifender Humor" ist stets eine Gratwanderung, weil man Leuten „auf die Füße tritt" und nicht weiß, ob sie den Humor auf ihre Kosten auch vertragen können. Auf der sicheren Seite ist man immer, wenn man ziemlich genau weiß, dass das Publikum einem zustimmen wird.

Schon fast beleidigend mutet das Beispiel von *Gene Perret* an. Er hielt einmal eine Rede über einen Vorgesetzten, der in Ruhestand ging. Dieser Mann war starker Zigarrenraucher. Daraus ergaben sich als Gags:
> *Jeder mag einen Boss, der billige Zigarren raucht. Man weiß immer, wenn er in der Nähe ist.*
> *Er ist nicht der einzige stinkende Vorgesetzte, den wir im Betrieb haben. Aber er ist der einzige mit einer stichhaltigen Entschuldigung.*

Um „Humor auf Kosten anderer" lustig und unterhaltsam zu gestalten und nicht unter die Gürtellinie zu schießen, empfiehlt Perret folgende Regeln:

▶ Witzeln Sie über Dinge, die erfunden bzw. offensichtlich nicht wahr sind. Perret produzierte folgenden Gag über einen Menschen, der sich seiner Trinkleidenschaft rühmte: *„Wenn er sich mal zur Ruhe setzt, werden wir ihm zu Ehren eine Erinnerungsflamme entfachen. Wir werden seinen Atem anzünden."*

Der Mann trank nicht exzessiv, er redete nur exzessiv darüber. Bei einem Trinker wäre dieser Spruch verfehlt.

▶ Witzeln Sie über Dinge, zu denen die betreffenden Personen sich auch selbst „durch den Kakao ziehen" würden. Bei dem eben genannten Beispiel machte der Mann auch selbst Witze über seine Trinkfreude.

Witzeln Sie, ohne jemanden zu verletzen.

▶ Witzeln Sie über Dinge, die keine Konsequenzen für die betreffende Person nach sich ziehen. Perret bringt als Beispiel: Ein Mann besaß eine mächtige Telefonstimme. Wenn er telefonierte, konnte man ihn überall im Büro hören. Jemand sagte über ihn: *„Er ist der einzige Mensch, der den Hörer auflegen kann, und seine Stimme ist immer noch zu hören."* Diese Aussage setzte nicht seine Arbeit herab oder schadete seiner Person oder Familie. Es war ein Witz über etwas, was nicht wirklich wichtig war.

Wenn Sie diese Richtlinien beherzigen und ein bisschen Feingefühl haben, können Sie Humor auf Kosten anderer machen, ohne jemanden zu verletzen.

3.6.2.14 Respektvolle Gags auf Kosten des Publikums

Beteiligen Sie das Publikum stets mit Wertschätzung!

Gags auf Kosten des Publikums helfen, den Kontakt zu fördern. Viele Menschen finden es angenehm, mitbeteiligt zu sein. Genau wie beim Humor auf Kosten anderer ist auch hier darauf zu achten, dass stets der Respekt und die Wertschätzung für das Publikum erhalten bleibt. Der Grat ist dabei ein schmaler.

„Eisbrecher" als Warming-up

Gerade in der Warming-up-Phase zu Beginn einer Veranstaltung werden solche Gags gerne verwendet. Sie sollen das Eis brechen. Denn das Publikum ist zu diesem Zeitpunkt meist noch etwas reserviert und abwartend.

Beispiel von *Dr. Eckard von Hirschhausen*:
In seinem Programm „Sprechstunde" gibt Dr. Eckard von Hirschhausen den medizinischen Rat an das Publikum, viel zu lachen. Auf einen Zuschauer in der ersten Reihe gemünzt, sagt er: „Ich sehe, Sie haben das Motto: Beginne den Tag mit einem Lächeln – dann hast du es hinter dir."

Jürgen von der Lippe bindet in seiner Show „Männer, Frauen, Vegetarier" das Publikum wie folgt ein:
Ich möchte Sie gleich von Anfang an emotional einbinden. Ich werde öfter Dinge sagen wie „Früher, als ich jünger war ..." und „Seit ich älter bin ...", und Sie sind herzlich eingeladen, darauf wie folgt zu reagieren: Dass vielleicht die Älteren bei dem Satz „Früher, als ich jünger war ..." so ein erinnerungsgetränktes „Aahhh" und die Jüngeren bei dem Satz „Seit ich älter bin ..." so ein bedauerndes „Oohhh" machen.
Ich überlasse das natürlich Ihnen, ob Sie das machen möchten oder nicht. Aber lassen Sie uns das einmal proben. „Früher als ich jünger war ...". (Es folgt ein dünnes „Oohh" vom Publikum und dann Lachen.) Nein falsch! (Lachen im Publikum) Ich habe es doch nun gerade erklärt. Es ist doch noch keine 30 Sekunden her! Also noch mal. Also: „Früher als ich jünger war ...", sagen die Älteren „Ahhhh" ...usw. (Probe mit Publikum, bis es klappt).

*Als er dann seine Geschichte beginnt „Ich bin ja nun 51 …",
reagiert das gut trainierte Publikum dann wunschgemäß mit
„Aahhh".*

Namen aus dem Publikum einbauen

Um Ihr Publikum mit einzubeziehen, bietet es sich auch als Joke
an, die Namen von Menschen aus dem Publikum in Ihre Geschichte
einzubauen. Sie können auch Namen von Plätzen, Orten, Vororten,
Restaurants, regionale Fußballclubs etc. einbauen, zu denen das
Publikum eine Beziehung hat. All das sorgt dafür, dass das Publikum mit in die Darbietung eingebunden ist.

*Das Publikum mit
einbeziehen stärkt die
Identifikation und wirkt
spontan.*

Wenn Sie keine speziellen Angaben haben, können Sie trotzdem
das Publikum mit einbeziehen, wie folgendes Beispiel von *Gene
Perret* zeigt:

*Ich las kürzlich in Reader's Digest, dass einer von vier Leuten in
den USA geistesgestört ist. Stellen Sie sich das vor – einer von
vier! Sie müssen mir nicht glauben, Sie können es jetzt gleich
selbst prüfen. Denken Sie einmal an drei Ihrer besten Freunde.
(Pause. Nun wird im Publikum gelacht oder gesprochen. Dann
geht es weiter.) Und? Sind Ihre besten drei Freunde in Ordnung?
(Pause. Wieder kommen die Menschen im Publikum miteinander
in Beziehung. Sie haben den Eindruck, dass der Komiker direkt
mit Ihnen spricht.) Gut, wenn Ihre Freunde in Ordnung sind,
müssen Sie „der Eine" sein …*

3.6.2.15 Vergleiche

Stellen Sie Vergleiche zweier Themen an.

Der Vergleich von zwei Themen ist nach Judy Carter eine einfache und effektive Möglichkeit, um Informationen zu strukturieren. Stellt ein Thema z.B. Ihre Eltern dar, dann vergleichen Sie deren Generation mit der Ihrigen.

Die Anwendung der Regel „Vergleiche" äußert sich auch darin, dass Sie z.B. russische Komiker mit amerikanischen oder Ihre jetzige Einstellung mit einer früheren vergleichen.

Eine Anwendung des Prinzips stammt von *Jürgen von der Lippe*. Er beklagt sich, dass die Leute einen immer überreden wollen, Alkohol zu trinken, obwohl man es nicht möchte:

> *Da heißt es: „Komm, ich habe doch Geburtstag", oder „Wir haben uns solange nicht gesehen ..." „Ja, ich trinke aber nicht." „Komm – ein Gläschen." „Nein, wirklich nicht." „Schorle." „Neeein!" (Jetzt schon mit deutlich genervter Stimme gesprochen.) „Ein Schlückchen." „Neeeeinnn!!!"*
> *Das ist schrecklich, diese Drängelei. Gibt es auf anderen Gebieten doch auch nicht. Sie sagen ja auch nicht beim Essen: „Was möcht'ste essen? Fisch?" „Nee, Fisch bekommt mir nicht." „Komm, 'nen Halben ..."*

Übung: Pointe mit Vergleichen

Experimentieren Sie für folgende Themenbereiche mit der Technik „Vergleiche". Kreieren Sie eine Pointe für das jeweils zweite Thema.

▶ Vergleichen Sie Ihren Geburtsort mit dem Ort, in dem Sie nun leben.
▶ Vergleichen Sie Ihre jetzigen Ängste mit denen, die Sie als Kind hatten.
▶ Vergleichen Sie die Generation Ihrer Eltern mit der Ihrigen.
▶ Vergleichen Sie das Leben Ihres Hundes mit dem Ihrigen.
▶ Vergleichen Sie die Vor- und Nachteile des Verheiratetseins.
▶ Vergleichen Sie Ihr Liebesleben mit dem Ihrer Großmutter.

3.6.2.16 Pointen mit Stimme und Körpersprache untermalen

Ein ganz entscheidendes Element in der Stand-Up Comedy ist, Ihre Worte schauspielerisch zu untermalen. Dadurch wird der Beitrag sowohl interessanter als auch witziger.

Wecken Sie den Schauspieler, der in Ihnen steckt.

Anstatt über Ihre Mutter in der dritten Person zu sprechen, sprechen Sie besser so, als wären Sie sie selbst. Machen Sie ihre Art und Weise nach, ihre Haltung und ihre Stimme. Es muss nicht das genaue Ebenbild werden. Denn keiner weiß, wie Ihre Mutter wirklich ist.

Dies lässt sich an folgendem Beispiel von *Jürgen von der Lippe* verdeutlichen:
> *Sagen Sie niemals, meine Herren, – ich wiederhole: niemals – einen Satz wie (mit anderer Stimme gesprochen:) „Also, die Katja Riemann ist wirklich eine tolle Schauspielerin." Drei Jahre später – Sie sitzen beim Essen und sagen (mit liebevoller Stimme:) „Schatzi, gibst du mir mal bitte das Salz rüber, der Hackbraten ist ein bisschen fad heute." (dann mit voller, kreischender Stimme der Ehefrau) „Du kannst ja Katja Riemann fragen, ob sie für dich kocht."*

Dabei geht es nicht nur darum, Leute nachzuahmen. Sie können im Prinzip allen Wesen, Tieren, Pflanzen mit stimmlicher und körpersprachlicher Untermalung Leben einhauchen. Sprechen Sie z.B. als „Gott" in tiefer Stimmlage oder machen Sie Ihren Hund nach, indem Sie schnuppern.

Schlüpfen Sie in beliebige Rollen.

Jürgen von der Lippe spricht in folgender Weise über die Unterschiede zwischen Männern und Frauen:
> *Ich habe neues, faszinierendes wissenschaftliches Material für Sie zusammengestellt. Ein Unterschied liegt in der Sprache. Männer sprechen völlig anders als Frauen. Vor allen Dingen sprechen Männer anders über Frauen als Frauen über Frauen. Es kann also gut sein, dass ein paar Männer zusammensitzen, womöglich alkoholisiert, und sinngemäß über eine andere im Raum befindliche Frau äußern (mit proletenhafter Stimme gesprochen:) „Ey guck mal, die mit den dicken Tüten, die geht*

bestimmt ab wie Zäpfchen!" Das ist entsetzlich, ich weiß es, aber ich kann es nicht ändern. Ich habe die Welt nicht gemacht. Männer sprechen manchmal so. Auch ihr Mann, gnädige Frau! (zeigt auf eine Dame im Publikum)

Wie durch den geschickten Einsatz von Stimme, Mimik und Gestik gute Comedy möglich ist, verdeutlicht auch das Beispiel von *Michael Mittermeier* zum Thema Kinder und Kleidung:

Als mich meine Mutter zum ersten Schultag angezogen hat. Ich habe noch ihre Worte in den Ohren (mit hoher Stimme:) „Ja, das Jackett passt ja wie angegossen." Gut, bayrische Väter formulieren das immer nüchterner (mit tiefer Stimme:) „Da wächst du schon noch rein, ha, ha, ha."
Und deswegen – deswegen, liebe Frauen, fragen wir Männer, wenn wir denn erwachsen sind, auch jedes Mal unsere Ehefrau oder Freundin, kurz bevor wir ausgehen (mit hysterischer Stimme und verzweifeltem Blick:) „Schatz, kann ich das anziehen?" Wir wissen es nicht. Woher auch?
Und wenn wir dann irgendwann als jugendliches Kind, so mit 12, 13 Jahren, so selbst anfangen, die Welt zu entdecken, so deinen eigenen Körper zu entdecken ... (geht mit den Händen auf verstohlene Weise von oben Richtung Intimbereich)
Mein Vater hat mich mal dabei erwischt. Er kam ins Zimmer (mit tiefer Stimme:) „Sohn, onanieren macht blind." (er zeigt einen verstarrten, erschreckten Blick) In Bayern glaubst du so was. Ich bin damals, so zwei Wochen nach dieser Geschichte, bin ich mit meiner Mutter spazieren gegangen im Park. Da ist uns ein Blinder entgegen gekommen. Da habe ich gedacht: „Jo, der hat's durchgezogen." (Dabei macht er die Siegergeste, der angewinkelte Ellenbogen wird mit der Hand nach oben gerissen.)

Verwenden Sie Akzente.

Wenn Sie zum Beispiel auch in der Lage sind, Akzente zu imitieren, dann können Sie sogar so weit gehen wie *Harald Schmidt*:

Italiener haben Angst vor dem Methusalem-Syndrom. Können Sie sich darunter was vorstellen? Methusalem-Syndrom? (dann in italienisch-deutschem Akzent) „Ääängstää vor dääm Äälterrr-weerdeen." Ja, viele wollten sich schon vor Verzweiflung ins Mittelmeer stürzen, wurden aber vom Müll wieder hochgetragen. Nein, (weiter in italienisch-deutschem Akzent) „italienische Männer haaabeeen Aaangst vor Bauch, Glatze und Falten".

(normal weiter gesprochen) Das sind die drei schlimmsten Dinge für italienische Männer: Bauch, Glatze und Falten. Viele Italiener sagen (in Akzent:) „Määnsch – Bauch, Glatze und Falten, wenn ich jetzt noch kleine Oberlippenbart habe, säähe ich auuus wie mein Schwiegermutteeer."

Deutlich machen, wer spricht

Wenn Sie in einem Beitrag für eine Zeit lang in einen bestimmten Charakter schlüpfen, ist es wichtig, dass der einleitende Satz die Informationen zu dem Charakter gibt. Wenn Sie ohne Übergänge zwischen den Charakteren wandern, verwirrt dies leicht Ihr Publikum. Es weiß nicht, wer gerade spricht.

Lassen Sie Ihr Publikum wissen, wer zu ihm spricht.

So spricht z.B. *Kalle Pohl* von „7 Tage, 7 Köpfe" zeitweilig aus der Person seines Vetters Heinz Spack und führt wie folgt perfekt in diese Rolle ein:

Was die Klangqualität eines Klaviers anbelangt, da habe ich einen Experten in der Familie. Nämlich meinen Vetter Heinz Spack (dann mit anderer Stimme:) „Äy, was war dat, dumm Sau, Klavier? Habe isch auch eins, aber nit so ein billiges ohne Lautsprecher, sondern so'n Spezialangebot vom Aldi. Wenn isch da in de Tasten haue, dat finden auch meine Nachbarn jut. Letzte Woche ha'm se bei mir de Fenster eingeschlagen, damit sie misch besser hören können ..."

Kalle Pohl schlüpft manchmal in die Rolle seines Vetters Heinz Spack.

Die Rolle klar zu machen ist auch wichtig, wenn Sie bekannte Persönlichkeiten nachahmen. Sehr talentiert für solche Parodien ist Jörg Knör. Eine Paraderolle von ihm ist Inge Meysel.

Mut zum Schauspielern

Aus eigener Erfahrung weiß ich, dass man sich anfangs ganz schön überwinden muss, um auch wirklich die gesprochenen Worte schauspielerisch zu untermalen. Große schauspielerische Leistungen benötigen Sie jedoch gar nicht, sondern eher den Mut, es mit voller Inbrunst zu tun. Wenn Sie zu zögerlich sind, kommt der Effekt nicht rüber.

Mut ist wichtiger als Können.

Durchforsten Sie vor dem Hintergrund dieser Technik Ihr Comedy-Rohmaterial und fragen Sie sich z.B.:
- ▶ Wer sind die Leute, die Sie erwähnen?
- ▶ Machen Sie einen Dialog mit der genannten Person?
- ▶ Werden Sie die Person selbst. Körperlich und verbal: Wie tritt sie auf, wenn sie verrückt oder wenn sie verliebt ist? Wie geht sie, wie isst sie? Welche Gewohnheiten der Person lassen sich gut imitieren?

Übung: Pantomime

Um Ihre schauspielerischen Ausdrucksmöglichkeiten zu steigern, eignen sich pantomimische Übungen. Stellen Sie sich vor einen Spiegel, nehmen Sie die Sequenzen auf Video auf oder üben Sie mit einem Partner zusammen zu folgenden Vorgaben:

Gehen Sie
- ▶ auf Glatteis
- ▶ auf klebrigem Untergrund
- ▶ barfuß über heißes Straßenpflaster
- ▶ durch hohen, festen Schnee
- ▶ auf moorigem Untergrund
- ▶ durch eiskaltes Wasser
- ▶ wie eine Kinderwagen schiebende Mutter
- ▶ wie ein alter, gebrechlicher Mann
- ▶ wie ein angetrunkener Zecher
- ▶ wie ein Mann, der einen schweren Koffer trägt

Tragen Sie
- ▶ einen Koffer
- ▶ ein Klavier
- ▶ eine große Glasplatte

Öffnen Sie
- ▶ eine schwere Haustür
- ▶ einen großen, alten Wäscheschrank
- ▶ einen Safe
- ▶ eine kleine Pillendose

Übung: Pantomime (Fortsetzung)

Seien Sie
- ▶ freudig – traurig
- ▶ ängstlich – stolz
- ▶ hochmütig – gleichgültig
- ▶ müde – zornig – zärtlich
- ▶ gelangweilt – interessiert
- ▶ wütend – fröhlich

Essen Sie (im Sitzen)
- ▶ einen Kaugummi
- ▶ einen Dreifach-Hamburger
- ▶ ein zähes Schinkenbrot
- ▶ Johannisbeeren vom Strauch
- ▶ Spaghetti
- ▶ eine Apfelsine

Trinken Sie (im Sitzen)
- ▶ aus einem Bierkrug
- ▶ aus einem Sektglas
- ▶ mit einem Strohhalm
- ▶ eine sehr süßes (saures, scharfes) Getränk

Sie werden umkreist (sitzend oder stehend)
- ▶ von einer Fliege
- ▶ von einem großen Hund
- ▶ von einem bewaffneten Mann

Reagieren Sie auf imaginäre Geräusche:
- ▶ einer summenden Biene nachschauen
- ▶ eine laut knarrende Tür vorsichtig schließen
- ▶ einen Luftballon zum Platzen bringen
- ▶ mit einer Zeitung knistern
- ▶ einfühlsam auf einem Flügel spielen

3.6.2.17 Variieren von bekannten Redewendungen

Wandeln Sie bekannte Aussagen ab.

Ein unterhaltsames Element ist auch, geläufige und allgemein bekannte Aussagen abzuwandeln. Dazu gehören Redewendungen wie *„Ich bin heute mit dem verkehrten Fuß aufgestanden"*, *„Er hat zwei linke Hände"*, *„Ich fühle mich wie ein Fisch im Wasser"* usw.

Mike Krüger verändert z.B. den Ausspruch *„Was der Bauer nicht kennt, isst er nicht!"* zu *„Was der Bauer nicht kennt, vergisst er nicht!"*.

3.6.2.18 Wohlklingende Formulierungen

Nutzen Sie ungebräuchliche Formulierungen stets wohl dosiert.

Es gibt Worte bzw. Formulierungen, die sich einfach gut anhören und damit eine Art „Feinkosmetik" für einen Gag darstellen, meint John Vorhaus. Möglichkeiten sind zum Beispiel:

▶ **Alliterationen:** Bei einer Alliteration beginnen zwei oder mehrere nacheinander folgende Worte mit dem gleichen Buchstaben. Beispiele sind „gaffende Giraffe", „borstiger Bussard", „wolliger Wurm" usw. Alliterationen sind unterhaltsam, wenn Sie sich in Pointen einbauen lassen. Allerdings sollte man nicht zu viele von diesen Alliterationen benutzen. Sonst kann es passieren, dass sie von dem eigentlichen Joke ablenken.
▶ **Reime:** Wenn man für Pointen Reimsituationen schafft, kann das auch den Witz steigern.
▶ **Lustige, ungewöhnliche Worte:** Vielfach gibt es Worte, die für sich allein genommen lustig wirken, z.B. die Worte „Feudel" oder „Wischmopp" für „Scheuerlappen".

Alle diese linguistischen Möglichkeiten sollten mit Sorgfalt verwendet werden. Natürlich lässt sich mit diesen Möglichkeiten ein langweiliger Witz nicht zu einem großen Lacher umwandeln. Es gilt, sie dosiert anzuwenden und stets zu prüfen, ob damit die Bedeutung der Pointe verstärkt oder eher gestört wird.

3.6.2.19 Running Gag

Ein Running Gag ist ein Witz, der sich im Laufe eines Beitrags bzw. in Vorträgen wiederholt. Solch ein Gag ist zum Beispiel auch, wenn Rüdiger Hoffmann sein Publikum stets in derselben Weise mit den Worten „Hallo erstmal" begrüßt.

Rückbezüge, die eine Vertrautheit signalisieren.

Der Running Gag stellt einen Rückbezug auf etwas früher Gesagtes her. Diese Rückbezüge sind beim Publikum ganz beliebt, weil sie eine Vertrautheit signalisieren. Im Alltag gibt es solche Rückbezüge auch, sobald man sich gut kennt.

Ein sehr gutes Beispiel für einen Running Gag ist in dem Film „Ice Age" das Säbelzahn-Eichhörnchen Scrat. Es ist immer wieder im Laufe des Films voll darauf fixiert, eine Eichel zu essen oder zu verstecken. Der Running Gag besteht nun darin, dass Scrat bei diesen Aktivitäten immer wieder neue überraschende Situationen erlebt. Zu Beginn des Films bricht eine dicke Eisschicht auseinander und eine Lawine wird freigesetzt. Später ist die Eichel im Eis eingefroren und beim Versuch, diese mit Feuer aufzutauen, wird daraus Popcorn und vieles mehr.

Die meisten Running Gags funktionieren nach dem Prinzip, dass sich der Witz im Grundsatz wiederholt. Er ist jedoch leicht abgewandelt, abgeschwächt oder hat eine neue Variation. Dadurch bleibt die Aufmerksamkeit und das Interesse des Zuhörers erhalten.

Der Witz wiederholt sich in abgewandelten Variationen.

In der RTL-Sendung „7 Tage, 7 Köpfe" wird oft mit dem Running Gag gearbeitet, dass *Kalle Pohl* selbstbewusst sagt *„Ich als Frauentyp …"*, obwohl er den Anti-Typus dazu verkörpert. *Mike Krüger* startet dagegen einen Joke oft mit den Worten:
Ich weiß nicht, ob Sie es wussten, ich hatte ja eine schwere Kindheit (Running Gag!). Meine Eltern haben sich nie um mich gekümmert. Als ich fünf war, bin ich von zu Hause weggelaufen. Ein Polizist hat dann meine Eltern gefragt – aber sie konnten mich nicht beschreiben …

3.6.3 Rohentwürfe in das Stand-Up-Format bringen

Nachdem Sie nun genügend Ideen für Gags entwickelt und auch schon ein grobes Gerüst haben, wie Sie diese erzählen möchten, geht es nun darum, Ihren Gags den rhetorischen Feinschliff zu geben.

Stand-Up ist die rhetorische Struktur des Gags.

Dafür dient das so genannte Stand-Up-Format. Es ist die rhetorische Struktur, in der Gags geschrieben und präsentiert werden. Es beinhaltet zwei Teile: einige einführende Worte, die auf die Pointe hinführen, und die Pointe selbst.

Durch diesen Aufbau eines Gags wird dieser für den Zuhörer leicht verständlich. Er weiß durch diese Darbietung, wann die Pointe kommt und er lachen muss. Selbst ein unaufmerksamer Zuhörer bekommt auf diese Weise den Gag mit.

Kurzer Einleitungstext

Lassen Sie die Einleitung möglichst kurz ausfallen.

Der Einleitungstext besteht meistens aus ein bis vier Textzeilen. Er hat informativen Charakter, ist nicht komisch und erzeugt eine bestimmte Erwartungshaltung.

Durch die Einleitung bauen Sie eine Spannung auf, die sich etwa in der Frage ausdrückt: *„Worum geht es bei diesem Witz?"* Wenn der Witz gut ist, entlädt sich alle aufgebaute Energie in Form eines Lachens, sobald die Pointe verklungen ist. Je mehr Spannung Sie erzeugt haben, desto größer wird die entspannende Reaktion.

Der Einleitungstext sollte recht kurz sein, weil sonst die Aufmerksamkeit abhanden kommt. Beim Einleitungstext gibt es keine überflüssigen Worte. Jede Silbe ist wohl durchdacht, gerechtfertigt und exakt notwendig, um zur Pointe zu führen.

Je länger die Einleitung, desto stärker muss die Pointe ausfallen.

Wenn die Einleitung über die vier Zeilen hinausgeht, muss die am Schluss stehende Pointe umso stärker zünden, damit sich die Wartezeit für die Zuhörer gelohnt hat.

Lohnend wird es zum Beispiel auch dann, wenn Gags so konstruiert sind, dass nach der ersten Pointe noch eine zweite oder dritte kommt, die sozusagen jeweils noch „eins draufsetzt".

Die Pointe ganz zum Schluss

Die Pointe steht im Gegensatz zu der erzeugten Erwartungshaltung. Der Humor kommt letztlich dadurch zu Stande, dass etwas völlig Unerwartetes präsentiert wird. Diese plötzliche Wendung bringt die Zuhörer zum Lachen. Je heftiger die Erwartungshaltung verletzt wird, desto größer ist der amüsierende Effekt. Die Worte, die die Pointe ausmachen, müssen dabei so positioniert sein, dass sie am Schluss der Aussage kommen.

Je stärker die Erwartungshaltung verletzt wird, desto größer ist der Effekt.

Ist der Teil der Aussage, der den witzigen Wendepunkt bringt, richtig positioniert, bleibt die Spannung bzw. Erwartungshaltung für die Pointe länger aufrechterhalten. Einleitende Informationen werden nicht überhört. Das Publikum weiß auch ganz genau, wann es lachen muss.

Wenn der Teil der Aussage oder das Wort, das den Witz entstehen lässt, zu früh genannt wird, muss dass Publikum zu viele Informationen abwarten, um den Witz zu verstehen. Außerdem besteht die Gefahr, dass der Witz zu früh verpufft, weil er durchschaubar ist.

Sie können auch mehr als eine Pointe haben. Nachdem Ihr Publikum über die erste Pointe gelacht hat, bringen Sie die nächste Pointe und genau dann, wenn Ihre Zuhörer meinen, jetzt kommt nichts mehr, setzen Sie noch eine weitere Pointe „oben drauf". Jede Pointe dient dabei gleichzeitig auch wieder als Einleitungstext für die nachfolgende Pointe.

Technik: Weitere Pointe(n) oben drauf setzen.

Zur Verdeutlichung lesen Sie folgende drei Beispiele:

Beispiel 1 von *Mike Krüger* – Stand-Up-Format in Reinform:
Bei der EU-Gipfelkonferenz in Nizza sind die erst nach 19 Stunden zu einem Ergebnis gekommen. Beobachter aus Amerika sprachen von einer Blitzentscheidung. Früher war so ein EU-Gipfel einfach. Da war er zu Ende, wenn Helmut Kohl aufgegessen hatte.

Beispiel 2 von *Bernd Stelter* – langer Einleitungstext mit lohnender Pointe:

Schleswig-Holstein ist, glaube ich, das einzige Land, wo ich eine Straße gefunden habe, einen Straßennamen mit vier „ü". Nicht Istanbul, sondern Marsholm! In Marsholm, oben an der Schley. Da gibt es eine Straße, die heißt tatsächlich „Tüünlüüt". Buchstabiert man „T Ü Ü N L Ü Ü T". Tüünlüüt. Und ich habe mich allen Ernstes gefragt, wie kommen die Leute auf so einen Namen: „Tüünlüüt"?

Und dann stand ich so in Marsholm am Tresen mit ein paar ehrlichen Holsteinern und wir haben so die Karte mit den nordischen Heißgetränken durchprobiert. Pharisäer, Tee mit Rum, Eisbrecher, Störtebeker, Eiergrog. Und als wir die von oben bis unten durchprobiert hatten, da wollte ich mich von den Jungs verabschieden mit den Worten: „Tschüss, macht's gut. Wir sehen uns morgen beim Frühstück." Und was kam raus? „Tüünlüüt."

Jede Pointe wird gleichzeitig die Einleitung für die folgende Pointe.

Beispiel 3 von *Rüdiger Hoffmann* – mehrere Pointen nacheinander: Rüdiger Hoffman (aus der CD „Ich komme...") erzählt über seinen Urlaub, in dem er sich vorgenommen hat, „diesmal gar nichts zu machen" und faul zu sein. Aus dieser Einstellung erzählt er seine Urlaubsgeschichte:

Meine Bekannte hat mich dann doch netterweise mitgenommen in den Frühstücksraum, da gab's dann auch so Frühstückseier. Sie hat ihr's direkt geköpft, so ganz brutal, mit einem Messer. Der Typ am Nebentisch hat so ganz hektisch mit seinem Eier-löffelchen drauf rumgehämmert.

Ich habe mir gedacht, ich bin hier im Urlaub – da habe ich es einfach so runtergeschluckt ... (Pause)

Mit Schale, ganz entspannt ... (Pause)

Witzigerweise kam's am nächsten Morgen genauso wieder raus ... (Pause)

Flop ... (Pause)

Ich hab's am Buffettisch einfach wieder ins Eierkörbchen getan ... (Pause)

War ja noch gut. Konnte man ja noch nehmen ... (Pause)

War sogar noch warm ...

Übung: Einleitung und Pointe

Erinnern Sie sich an das Prinzip des Stand-Up-Formats.

▶ Notieren Sie eine Tatsachenaussage oder eine Beobachtung zu einem beliebigen Thema.

▶ Der erste Satz führt ins Thema.

▶ Die nächsten drei bis vier Sätze liefern weitere Informationen zum Thema und gehen inhaltlich in die gleiche Richtung. Die erzeugte Erwartungshaltung wird bestätigt.

▶ Dann folgt der Richtungswechsel, bei dem die Erwartungshaltung enttäuscht wird. Das Wort bzw. die Formulierung, die den witzigen Wendepunkt bringt, muss dabei ganz zum Schluss der Aussage kommen.

Die 3er-Auflistung

Eine Variante zum Stand-Up-Format stammt von Judy Carter: „Die 3er-Auflistung". Auflistungen bereiten Pointen gut vor. Die ersten beiden Auflistungspunkte betreffen die Einleitung und der letzte Punkt liefert dann die unerwartete Pointe.

Zwei Punkte sind Einleitung, ein Punkt die unerwartete Pointe.

Beispiel von *Judy Carter*:
Ich bin ein Araber, ich habe die gleichen Interessen wie Sie. Wenn ich ein Auto kaufen gehe, schaue ich nach den gleichen Dingen. 1. Farbe, 2. Aussehen … und 3., wie viele Geiseln in den Kofferraum passen.

Prüfen Sie Ihre Ideen, inwiefern sie sich nach dem 1-2-3-Auflistungs-Muster aufbereiten lassen. Entscheidend ist auch hierbei, dass der dritte Auflistungspunkt im Kontrast zu den ersten beiden im Einleitungstext steht.

3.6.4 Kritische Revision der Gags

Sie haben Ihre Gags geschrieben. Nun stehen Sie vor der Frage, wie wirkungsvoll sie sind.

Selbst-Check – Wirkung von Pointen abschätzen

Tragen Sie sich Ihre Texte selbst laut vor. Welches Gefühl haben Sie, wenn Sie Ihren Worten zuhören? Geht es eher in die Richtung: *„Oh, das ist toll, das überzeugt mich"*, dann wird es wahrscheinlich auf andere einen ähnlichen Effekt haben. Verändern Sie alle Jokes, die Sie selber nicht mögen.

Lassen Sie die Gags ein paar Tage „sacken".

Wichtig ist auch, die Gags ein paar Tage in der Schublade liegen zu lassen, bis die Anfangseuphorie verklungen ist. Mit etwas Abstand betrachtet, wirkt ein Gag mitunter nur noch trocken wie Knäckebrot.

Nach der Erfahrung von *Gene Perret* gibt es häufig folgende Fehlerquellen, weshalb Gags floppen.

Jokes sind zu direkt und offensichtlich

Sind Ihre Gags durchschaubar?

In dem Moment, wo Sie einen Gag erzählen, fragen sich Ihre Zuhörer: Worauf läuft das wohl hinaus? Ein guter Gag liegt dann vor, wenn Ihre Zuhörer die Pointe nicht schon im Vorfeld erraten können, sondern ein wirklich großes Überraschungsmoment gelingt.

Der Klassiker für einen durchschaubaren Gag lautet:
„Ich habe ein ganz tolles Mittel gegen Vergesslichkeit gefunden!" „Super, und wie heißt es?" „Hab' ich vergessen."

Eine gute Pointe sollte den Zuhörer für einen Bruchteil einer Sekunde dazu bringen, einen Moment nachzudenken und dann zu sich zu sagen: *„Ja, jetzt habe ich es kapiert."*

Gehen Sie kritisch durch Ihre Gags und überdenken Sie jeden Joke, der zu offenkundig ist. Fragen Sie sich, wie Sie dasselbe eher zwischen den Zeilen sagen können, um die Lachwirkung zu erhöhen.

Jokes sind zu obskur

Im Gegensatz zu sehr durchschaubaren Gags stehen die Jokes, die die Zuhörer nicht auf Anhieb verstehen und die einen Erklärungsbedarf beinhalten.

Versteht man auf Anhieb Ihre Gags?

Beispiel:
> *Ich saß mal im Restaurant und bekam ein Sandwich, das an einer Stelle so aussah, als hätte dort jemand ein Stück abgebissen. Als ich den Kellner fragte: „Haben Sie was von meinem Brot abgebissen?", sagte der: „Oh nein, wir spielen nur Hockey in der Küche."*

Für einen Außenstehenden stellt sich die Frage: Was haben diese zwei Dinge (die fehlende Brotecke und Hockey spielen in der Küche) miteinander zu tun? Schwer zu verknüpfen, folglich gibt es keinen Lacher.

Dazu ein anderes Beispiel von *Gene Perret*:
> *Als ich letztes Jahr mit meinem Buch auf Promotion-Tour war, reiste ich über 50.000 Meilen – im Grunde nicht viel, wenn man bedenkt, dass mein Gepäck über 100.000 Meilen reiste.*

Dieser Gag sagt aus, dass sein Gepäck verloren gegangen war. Es ging nicht immer dahin, wo auch er als Autor war. Dies wird sozusagen zwischen den Zeilen ausgedrückt. Die Bedeutung ist aber klar und jeder versteht diese Pointe.

Anders sieht es bei der nachfolgenden Formulierung aus:
> *Als ich letztes Jahr mit meinem Buch auf Promoting-Tour war, reiste ich über 50.000 Meilen – nicht immer mit meinem Gepäck.*

In dem Fall schweigt das Publikum. Es sucht nach der Bedeutung. Es ist sich dabei aber nie ganz sicher, was wirklich gemeint ist. Die Idee wird dem Publikum nicht klar genug herübergebracht. Jeder Witz, der erst genau erklärt werden muss, bringt keine Lacher.

Gehen Sie deshalb durch Ihre Aufzeichnungen und prüfen Sie, ob alle Gags wirklich glasklar verständlich sind. Gleichermaßen müssen Sie auch sicher sein, dass jedes Publikum den Gag versteht. In den meisten Fällen ist es wichtig, möglichst allgemein verständlich zu sein und nicht nur für ein bestimmtes Zielpublikum.

Jokes sind zu wortreich bzw. zu ausschweifend

Sind Ihre Gags kurz und knackig?

Erinnern Sie sich an die Grundregeln des Stand-Up-Formates: Jede Textzeile in der Hinführung zu Ihrer Pointe sollte zwingend erforderlich sein.

Seien Sie sparsam mit Ihren Worten. Sagen Sie wirklich nur das, was wirklich gesagt werden muss, um Ihren Gedanken zu vermitteln. Warum? Weil jede Textzeile für das Publikum ein Versprechen bedeutet, dass gleich eine Pointe kommt. Am Ende jeder Zeile hofft das Publikum sozusagen als Belohnung für das Zuhören auf die Pointe. Je länger Sie das Publikum warten lassen, um so höher sind die Erwartungen an die Pointe. Es besteht schnell die Gefahr, dass die Zuhörer ungeduldig werden.

Dazu folgendes Beispiel von *Gene Perret* zum Thema „Kauf eines Hundewelpen":
> *Mein Freund kaufte einen Hundewelpen. Als wir das Tier zu Hause hatten, pinkelte es in das Wohnzimmer. Es pinkelte in die Küche. Es pinkelte im ganzen Haus auf den Boden. Er nannte es einen Hund. Für mich war es ein ungehobelter Fellsack.*

Dieser lange Einleitungstext ist überflüssig, weil jeder weiß, das Welpen nicht stubenrein sind. Besser ist:
> *Ich habe mir gerade einen Hundewelpen gekauft. Hat er Windeln? Ja, aber er benutzt sie nicht.*

In dem zweiten Beispiel wird kein Wort über das „Pinkeln in verschiedenen Wohnräumen" gesagt und trotzdem ist der Witz allgemein verständlich. Das Problem bei zu viel Wortreichtum ist, dass damit auch schon die Pointe angekündigt wird. Ihre Zuhörer erraten auf diese Weise schon, was gleich als Gag kommt. Außerdem erhält das Publikum Zeit genug, sich seine eigene Pointe zusammenzureimen, die vielleicht noch besser ist. Sagen Sie, was zu sagen ist. Aber nur das Nötigste.

Beschränken Sie sich auf das Nötigste und verraten Sie nicht zu viel.

Das folgende Beispiel zeigt, wie Sie einen langen Gag knackiger machen. Dies geschieht, indem Sie daraus mehrere kleine Jokes machen. Dabei müssen die einzelnen Jokes nicht alle gleichermaßen sehr witzig sein. Denken Sie daran, jeder Witz kann wiederum als Einleitung für den nächsten dienen.

Beispiel von *Gene Perret* – lange Version eines Gags:
Sie alle wissen, dass Jimmy auf Partys gerne einen zuviel trinkt. Wenn er ein bestimmtes Maß getrunken hat, nimmt er immer seine Brille ab. Vor dem Abendessen sprach ich heute mit seiner Frau, mit der er seit 28 Jahren verheiratet war: „Ich vermute, Sie können immer genau sagen, wann Jimmy einen zuviel getrunken hat, nämlich immer dann, wenn er ohne Brille von der Arbeit nach Hause kommt." Sie guckt mich an und fragt: „Welche Brille?"

Das sind eine Menge Worte, um zur Pointe hinzuführen, die aber nötig sind, um den Gag zu verstehen. Wie kann man den Gag gemäß der eben genannten Regel in mehrere einzelne kurze Jokes umformulieren? Ein Beispiel:
Jimmy ist seit 28 Jahren mit derselben Frau verheiratet. Nun – nicht wirklich. Nach 28 Jahren mit ihm ist sie nicht wirklich mehr dieselbe Frau.

An dieser Stelle gibt es einen Lacher und gleichzeitig wird die Information gegeben, dass beide 28 Ehejahre zusammen sind. Im Text geht es weiter:
Und er liebt sie wirklich – genauso wie er seine Drinks liebt.

Jeder, der ihn nicht genau kennt, erfährt so, dass er gerne trinkt und darüber gewitzelt wird. Weiter geht es:
Sie wissen, er trinkt ein bisschen. Aber das war keinem klar, bis er eines Tages stocknüchtern zur Arbeit kam.

Mit dieser Information wird deutlich, dass Jimmy konstant trinkt, außerdem ist es wieder eine Pointe. Weiter:

Wenn er ein bisschen zuviel getrunken hat, nimmt er als erstes die Brille ab. Er glaubt, wenn er sowieso nichts und niemanden mehr sieht, wozu sollte er dann diese Brille tragen?

Durch die Umformulierung wird erreicht, dass weniger hinführende Worte verwendet werden und so das Publikum nicht die ganze Zeit auf die Pointe wartet. So bleiben die Zuhörer aufnahmefreudiger für den Witz.

Wirkung auf andere testen

Testen Sie Ihr Material zunächst an einer vertrauten Person.

Nehmen Sie sich eine vertraute Person, der Sie Ihre Gags vortragen. Lassen Sie sich überraschen, wie Ihr Partner auf Ihr Material reagiert. Auf diese Weise erhalten Sie wichtige Hinweise, was lustig ist. Er kann Sie auch ermutigen, noch weiter an den Gags zu feilen.

Testen Sie „under cover".

Probieren Sie Ihre Beiträge auch an anderen Personen aus. Lassen Sie diese aber niemals wissen, dass sie „Testpersonen" sind. Fragen Sie nicht: *„Glauben Sie, dass es witzig ist?"* Fügen Sie Ihr Material einfach in die Konversation mit ein, z.B. bei einer Party oder an der Bar.

Wenn jemand lacht, schreiben Sie die Worte genau in der Weise nieder, in der Sie diese sagten. So erhalten Sie genau die Formulierungen, durch die der Lacher kam. Wenn keiner lacht, versuchen Sie es mit anderen Formulierungen oder mit anderen Personen.

3.6.5 Aus Einzelgags einen Comedy-Monolog machen

Im nächsten Schritt gilt es, die einzelnen Gags in einen zusammenhängenden Comedy-Monolog zu bringen. Die Gags werden in eine logische Reihenfolge gebracht, um sie in einem flüssigen Erzählstil zu präsentieren.

Sie können dabei fünf, zehn oder 30 Minuten zu einem Thema sprechen. Der Beitrag muss nur nach dem Stand-Up-Format in viele kurze Einleitungs- und Pointe-Elemente aufgeteilt sein. Die Informationen gehen dabei ganz natürlich und fließend ineinander über. Jede Information trägt dazu bei, zu einem witzigen Höhepunkt zu gelangen. Üblicherweise kommen bei einem Stand-Up Comedy-Vortrag im Schnitt zwei bis vier Pointen pro Minute.

Zwei bis vier Pointen pro Minute.

Während der Phase, in der Sie einen guten Vortrag gestalten, verbessern sich gewöhnlich auch die Jokes, weil sie kürzer und prägnanter werden. Denn jeder Joke steht nicht für sich, sondern als Einführung für den nächsten Gag.

Der Monolog vergrößert den Comedy-Effekt, weil es bei den Gags natürliche Höhen und Tiefen gibt. Diese Höhen und Tiefen existieren, weil jeder Gag im Vergleich zu den anderen steht. Nicht jeder Gag kann den gleichen Grad an Witzigkeit haben. Wenn es so wäre, wäre der ganze Vortrag monoton. Die seichten Witze lassen die besseren Witze noch besser erscheinen und einige sehr gute Gags helfen, die weniger guten Gags zu überbrücken.

In einem Monolog ist nicht jeder Gag gleich gut. Um nicht monoton zu wirken, muss es Höhen und Tiefen geben.

Ihr Comedy-Monolog sollte nach Meinung von Gene Perret so ähnlich wirken, als würde man einem Feuerwerk zuschauen. Die Zuschauer warten gespannt, bis die ersten Lichter am Himmel erscheinen. Dann kommen die „Ahhs" und „Ohhs", wenn die Raketen explodieren und die Lichteffekte am Himmel zu sehen sind. Schließlich gibt es noch eine restliche Spannung, wenn man die kleinen Lichtteilchen zu Boden fallen sieht.

Auch Ihr Comedy-Vortrag sollte in dieser Form variieren.

Zur Illustration lesen Sie den Auszug eines Comedy-Monologs zum Thema „Vegetarier", der von *Jürgen von der Lippe* stammt.

Wissen Sie, wen ich gefressen habe? Vegetarier. Zeigen Sie mal auf. Aha, einer. Die anderen sind wahrscheinlich schon zu schwach, um die Hand zu heben. Und bitte, ich meine jetzt nicht die lieben Leutchen, die einfach gerne Gemüse essen. Die sich und andere zufrieden lassen. Die meine ich nicht. Ich rede von diesen, wie soll ich sagen – Vegeterroristen, deren einzige Lebensaufgabe darin zu bestehen scheint, uns Allesfressern, und als solcher ist der Mensch von der Schöpfung konzipiert, den Fleischgenuss zu vermiesen. Und es ist Quatsch, was sie sagen. Ich meine, für das Tier kommt es auf dasselbe raus – ob wir es töten oder ihm das Futter wegfressen ...

Und dann diese Welle, die die immer machen. Im Restaurant (mit schriller affektierter Stimme:) „Herr Ober, sagen Sie, ist das auch wirklich eine Gemüsebrühe? Nicht, dass Sie da Fleischbrühwürfel verwendet haben. Wissen Sie, ich bin nämlich Vegetarier. Ich esse kein Fleisch."

Die rauchen ja auch alle nicht. Wenn ich mir eine nach dem Essen anmache, dann geht es aber ab. Mit übertriebenen Husten (vorgemacht, dann mit schriller Stimme:) „Ihr Rauch stört mich". Ich sag dann immer: „Schön. Mich bringt er um, und ich mache auch nicht so ein Traraa."

Und vielfach sind diese Leute auch militante Tierschützer. Die quatschen einem beim Italiener in die Thunfischpizza rein (mit schriller Stimme:) „Wie können Sie Thunfisch essen?" „Ist lecker." „Denken Sie denn gar nicht an die armen Delfine, die in den Netzen mit verenden?" „Ess ich mit, die sind auch lecker." „Aber die sind doch so süß!" „Wieso ist ein Delfin süßer als ein Thunfisch? Nur, weil es keine Fernsehserie über einen Thunfisch gibt?" „Aber die sind ja auch so intelligent." „Bitte, wenn die so intelligent sind, was machen die dann in den Netzen?"

Bitte verstehen Sie mich nicht falsch. Ich bin wahnsinnig tierlieb. Ich bin selbstverständlich gegen Tierversuche für die kosmetische Industrie. Die brauchen wir nicht. Ich weiß auch so, dass ein Pitbull mit Lippenstift scheiße aussieht.

Ich habe jetzt eine sehr interessante Statistik gelesen. Und zwar stand da: 84 Prozent der Frauen, die häufig bis regelmäßig den Orgasmus vortäuschen, sind Vegetarierinnen. Und ich habe lange überlegt, wie hängt das denn zusammen? Aber dann wurde es mir klar. Diese Frauen haben natürlich eine psychische Blockade (mit schriller Stimme:) „Nein ich lasse es nicht zu, dass mir so ein Stückchen Fleisch (zeigt es) so einen Spaß macht."

Also täuschen sie den Orgasmus vor. Denn das macht eine Frau ja nicht, wie viele Männer meinen, um uns eine Freude zu machen. Ne, ne. Im Gegenteil. Eine Frau täuscht den Orgasmus vor, um einen Vorgang abzukürzen, der ihr keinen Spaß macht.

Anhand dieses Beispiels können Sie sich nun bewusst machen, wie Sie selbst aus Ihren Einzelgags einen Monolog entwickeln.

Gene Perret empfiehlt, die Gags zuerst in ihre einzelnen Unterthemen zu unterteilen. Nun bestimmen Sie eine logische Abfolge der einzelnen Unterthemen. Manches Mal gibt es nur eine logische Reihenfolge, wenn Sie z.B. erzählen, wie Ihre Frau ein Kind kriegt.

Bilden Sie Unterthemen und arrangieren Sie diese.

Wenn Sie die Jokes im PC niedergeschrieben haben, können Sie nun so oft Sie wollen die Unterthemen in ihrer Reihenfolge neu arrangieren, bis der Monolog in sich stimmig erscheint.

Neben der logischen Reihenfolge muss natürlich auch die dramaturgische Reihenfolge stimmen. Dabei ist häufig sehr subjektiv, welches die besten Jokes sind und an welcher Stelle im Vortrag man sie positionieren sollte.

Wenn Sie schließlich eine bestimmte Reihenfolge gefunden haben und das Ganze nochmals durchgehen, werden Sie erkennen, dass manches im Redefluss noch nicht richtig zusammenpasst. Der Grund ist, dass die Gags bisher losgelöst vom Ganzen formuliert wurden. Folglich müssen Sie die Gags noch einmal im Zuge des gesamten Vortrages umformulieren. Ein Problem kann auch sein, dass zu viele ähnliche Jokes hintereinander auftreten oder die Einleitungstexte zu ähnlich klingen.

Achten Sie auf Konsistenz im Redefluss. Gibt es Lücken im Ablauf?

Beim erneuten Durchlesen stellen Sie vielleicht auch fest, dass es Lücken im Ablauf gibt. Es fehlen an bestimmten Stellen noch ergänzende Textzeilen. Meist ergeben sich die größten Auslassungen beim Übergang von einem Unterthema zum nächsten. Der Wechsel erscheint zu abrupt.

Ein Komiker muss sich von Gedanken zu Gedanken bewegen, ohne Zeit mit Überleitungen bzw. Übergängen zu verschwenden, sagt Judy Carter. Wenn solche Phrasen einfließen, merkt dies das Publikum, und es klingt gekünstelt. Im normalen Leben springen Leute auch von Thema zu Thema. Während gerade noch über den Postboten gesprochen wird, geht es plötzlich ums Saubermachen.

Sie werden herausfinden, dass bestimmte Themen ganz natürlich zu anderen Themen überfließen.

Der beste Weg für einen Übergang zwischen den Themen ist ein Gag, der ein Element mit dem anderen verbindet. Auf diese Weise führen Sie in das neue Unterthema ein und fahren mit neuen Jokes fort.

Testen Sie abschließend auch den Comedy-Monolog auf seine Wirkung auf Zuhörer. Hören Sie mit dem Feinschliff nicht zu früh auf. Einen Comedy-Monolog zu entwickeln ist wie das Malen eines Gemäldes, meint Perret. Der Anfänger meint fertig zu sein, doch erst der finale Pinselstrich des Meisters gibt dem Gemälde die Klasse.

Abschließend möchte ich noch bemerken, dass bei der Vermittlung von fachlichen Informationen selten eine so hohe Gag-Frequenz möglich ist wie bei der reinen Unterhaltungs-Comedy. Das hat damit zu tun, dass bestimmte Sach- und Fachinformationen einfach nicht witzig sind.

Das ist auch nicht schlimm. Nach meiner Erfahrung möchten Zuhörer bei Vorträgen und Seminaren zwar Unterhaltung und Gags, aber nicht in der Menge, dass der Informations- bzw. Lerngehalt dabei verloren geht. Sie möchten eine unterhaltende Form der Informationsvermittlung.

Um dieses Ziel zu erreichen, ist es wichtig zu wissen, wie ein Zuhörerkreis auf die verschiedenen Informationen und Gags reagiert. Wenn Sie merken, dass die Zeit ohne Lacher zu lang ist, muss Ihr Beitrag verändert werden.

3.6.6 Das Opening vorbereiten

Das „Opening" betrifft den ersten Kontakt zum Publikum. Ihre Teilnehmer sind neugierig und gespannt darauf, wer Sie sind und was man von Ihnen zu erwarten hat.

Starten Sie mit einer Eröffnung, die dem Publikum zeigt, dass es bei Ihnen nicht nur Informationen, sondern auch Spaß bekommt. Deshalb ist es wichtig, mit den ersten Worten schon einen Lacher zu erzielen, um das Eis zu brechen.

Das Publikum muss ggf. erst lernen, dass Lachen erlaubt ist.

Ein gute Eröffnung basiert nach *Judy Carter* auf der Realität:

▶ **Die eigene äußere Erscheinung:** Geben Sie einen Kommentar zu irgend etwas ab, das an Ihnen wirklich äußerlich sichtbar ist, etwa eine große Nase, eine wilde Haarmähne etc.

▶ **Material, das Ihre Person reflektiert:** Ein gute Eröffnung definiert, wer Sie sind und was das Publikum zu erwarten hat.

▶ **Etwas über das Publikum:** Geben Sie einen Kommentar zu irgendetwas Offensichtlichem über das Publikum ab. Ein Witz für eine geringe Publikumszahl ist z.B.: *„Sind Sie alle in demselben Auto gekommen?"*

▶ **Etwas zu einem allgemein gültigen Thema:** Nehmen Sie ein Thema, das für Sie und das Publikum etwas Gemeinsames hat – z.B. die Stadt, in der Sie leben, das Essen in den Restaurants oder Tagesereignisse.

▶ **Etwas Aktuelles aus Ihrem Leben:** Erzählen Sie etwas Aktuelles aus Ihrem Leben, z.B. etwas, was gerade passierte.

Warnung: Starten Sie nicht mit
▶ kontroversen Themen oder
▶ Themen, die dem Publikum einen völlig falschen Eindruck über Sie geben.

Achtung: Vermitteln Sie zu Beginn keinen falschen Eindruck über sich.

Eröffnen Sie mit etwas, das für Ihre Art der Darstellung typisch ist und auch für den Rest der Veranstaltung aufrecht erhalten wird.

Finden Sie grundsätzlich eine Eröffnungsform, die zu Ihrem Stil und Ihren Themen passt. Überlegen Sie, was geeignet ist, um sich von anderen einzigartig abzuheben.

3.6.7 Der gelungene Abgang

Schließen Sie Ihren Vortrag mit einem Lacher ab.

Genauso wichtig wie die Eröffnung ist das Ende Ihrer Darbietung. Achten Sie darauf, Ihre Vorträge, Seminare oder Präsentationen mit einem Lacher abzuschließen. Es sollte sozusagen das „Sahnehäubchen" auf Ihrer Präsentation sein und für einen guten Abgang sorgen.

Ein Beispiel – *Otto Waalkes* schließt seine Show mit dem Satz:
> *Wenn es Ihnen gefallen hat, mein Name ist Otto Waalkes, wenn nicht, Jürgen von der Lippe.*

Kapitel 4

Worauf es bei der Präsentation von Gags ankommt

Selbst die besten Gags versanden, wenn die Präsentation nicht gut ist. Dieses Kapitel widmet sich daher den Regeln, um eine gute Performance bei Comedy-Monologen zu erreichen. Zusammengenommen sind Sprech- und Schauspieltechnik sowie die Prinzipien der Rhetorik wichtig, um ansprechendes Infotainment zu erreichen.

Beobachten Sie erfolgreiche Comedians. Sie wirken auf der Bühne ganz locker, leicht, natürlich und völlig unangestrengt. Sie scheinen wie beim Small Talk einfach drauflos zu plaudern. Auf der anderen Seite gehen sie auch ganz entspannt damit um, wenn Gags floppen.

Erinnern Sie sich an die Worte aus *Kapitel 3.2:* Gags sind oft sehr eng mit der eigenen Person verknüpft. Sie wirken nur, wenn die Person selbst sie auf ihre spezielle Art darbietet. Die Gags von Rüdiger Hoffmann passen z.B. nicht zu einem Stefan Raab.

Grundsatz: Ihre Präsentation kommt nur dann an, wenn sie authentisch wirkt.

Als weiterführende Literatur zum Thema „Rhetorik" möchte ich Ihnen das Buch von *Adele Landauer* mit dem Titel *„ManageActing – Die Kunst, selbstsicher aufzutreten"* empfehlen.

4.1 Schlüsselworte als Erinnerungshilfe

Um Ihren Comedy-Monolog gut präsentieren zu können, müssen Sie ihn auswendig beherrschen. Zum einen ist es wichtig, sich den Text und damit die Abfolge der Themen und Pointen zu merken. Zum anderen brauchen Sie eine genaue Vorstellung, wie Sie die Worte präsentieren.

Judy Carter nutzt als Merkhilfe „Schlüsselworte". Das kann ein Wort oder eine kurze Aussage sein. Das Schlüsselwort erinnert Sie an den Text, den Sie erzählen wollen. Außerdem ist damit verknüpft, welcher Gag im Rahmen des gesamten Beitrags als nächstes kommt.

Organisieren Sie Ihr Material nach dem Thema.

Die meisten Komiker organisieren ihr Material nach dem Thema. Wenn Sie den Stoff proben, werden Sie merken, dass bestimmte Themen sozusagen ineinander überfließen.

Beispiel – Folgende Schlüsselworte erinnern an die Reihenfolge der Themen im Rahmen eines zehnminütigen Vortrags:

▶ Verabredung
▶ Angst, allein zu sein
▶ Computer-Verabredung
▶ Hund
▶ Alt werden
▶ Gymnastik
▶ Cinderella
▶ Beziehungen

Wenn Sie die Abfolge der Themen planen, beachten Sie folgende Hinweise:

Wählen Sie zu Beginn sichere Themen, mit zunehmender Vertrautheit können Sie sich steigern.

▶ Arrangieren Sie Ihre Darbietung im Sinne zunehmender Vertrautheit: Wenn Sie vor ein fremdes Publikum treten, dann kennt es Sie nicht und umgekehrt. Seien Sie deshalb zu Beginn nicht zu vertraut. Starten Sie mit Themen, die am wenigsten persönlich sind, und enden Sie mit Themen, die am persönlichsten sind. Nehmen Sie zu Beginn sichere und unverfängliche Themen. Je mehr das Publikum Sie kennt, umso mehr können Sie sich „hinaus wagen".

Die Schlüsselwortliste: Wirksamer Spickzettel Ihrer Texte.

▶ Nehmen Sie die Schlüsselwortliste als Erinnerungshilfe: Allein das Notieren der Liste hilft schon, sich die Reihenfolge der Beiträge zu merken. Wenn Sie die Themen in einer logischen, natürlich-fließenden Reihenfolge zusammenbringen, brauchen Sie auch kaum Erinnerungshilfen. Die Schlüsselworte dienen sozusagen als Auslösesignal für das, was man instinktiv schon weiß.

▶ Sie müssen nicht perfekt sein. Sie müssen die Liste nicht perfekt abarbeiten, es können immer wieder auch unerwartete Worte hinzukommen. Manche Aussagen entstehen erst während der Darbietung. Die Schlüsselwortliste ist nur eine vorgeschlagene Route. Halten Sie sich nicht zwanghaft daran.

Geben Sie sich genug Raum für spontane Improvisationen.

Übung: Comedy-Vortrag mit Schlüsselworten

Schreiben Sie zu einem Fach- bzw. Sachthema einen fünfminütigen Vortrag. Das sind ca. fünf Seiten maschinengeschriebener Text mit anderthalbfachem Zeilenabstand. Setzen Sie sich dann das Ziel, den Vortrag witzig und unterhaltsam zu machen. Bauen Sie Gags ein. Wenden Sie die Regeln an, die Sie im Kapitel Comedy-Writing *(Kap. 3)* gelernt haben.

Entwickeln Sie dann eine Schlüsselwort-Liste. Gehen Sie die Themen durch und notieren Sie dazu ein Wort bzw. eine kurze Phrase, die Sie an die Passage erinnert.

Nun prägen Sie sich Ihre Schlüsselwortliste ein. Machen Sie die Augen zu, stellen Sie sich Ihr Publikum vor. Ohne auf Ihre Aufzeichnungen zu schauen, beginnen Sie Ihre Darbietung und lassen Sie Ihr Material in der Reihenfolge kommen, wie es Ihnen natürlich in den Sinn kommt.

Durch dieses Probesprechen merken Sie vielleicht, dass manche Themen noch nicht richtig ineinander übergehen bzw. an der falschen Stelle stoppen. Nutzen Sie diese Erkenntnisse und verändern Sie die Reihenfolge der Themen bzw. der Schlüsselworte.

4.2 Beiträge proben

Eine ganz wichtige Voraussetzung für eine gute Stand-Up-Performance ist, dass die Worte leben. Erst wenn man beginnt, Gags laut zu sprechen und jemandem vorzutragen, wird offenkundig, wo noch Verbesserungsbedarf ist. Sei es, dass die Dramaturgie nicht stimmt oder Gags nicht „rund laufen".

Für die Probe von Beiträgen empfehlen sich folgende Vorgehensweisen, weil Sie dadurch klarer eine Rückmeldung über die Wirkung Ihrer Darbietung bekommen.

Wege, Ihre Darbietung zu proben und Rückmeldungen zu erhalten.

▶ **Aufnahme auf Video:** Nehmen Sie den Beitrag auf Video auf, sehen Sie sich diesen an und erkennen Sie Ihre Wirkung auf den Betrachter.

▶ **Comedy-Coach:** Nehmen Sie sich eine Person Ihres Vertrauens, die sich Ihr Material und Ihre Darbietung ansieht und anhört und Ihnen eine ehrliche Rückmeldung zu Verbesserungsmöglichkeiten gibt. Der Coach ist Ihre spezielle Betreuungsperson zur Verbesserung Ihrer Comedy. Er achtet auf die noch im folgenden erläuterten Präsentationsregeln in diesem Kapitel.

▶ **Unwissende Testpersonen:** Probieren Sie Beiträge an anderen Personen aus. Lassen Sie diese aber nicht wissen, dass sie „Testpersonen" sind. Fügen Sie Ihr Material einfach ins Gespräch mit ein. Wenn jemand lacht, merken Sie sich die Art Ihrer Darbietung und machen es wieder so. Wenn keiner lacht, testen Sie die Wirkung an weiteren Personen.

Um Ihren Beitrag und Ihre Performance zu optimieren, beachten Sie folgende Vorschläge:

Subtexte verwenden

Der Subtext: Wirksamer Spickzettel Ihrer Ausdrucksform.

Der Subtext gibt vor, wie Sie einen Text präsentieren. Sie müssen stets im Kopf präsent haben, was Sie ausdrücken wollen und wie Sie dies umsetzen. Halten Sie sich bildlich vor Augen, worüber Sie sprechen. So können Sie sich auch den Text besser merken.

Beispiel:

> *(Subtext – mit leidender Stimme) Was hab' ich mir heute morgen*
> *den Kopf gestoßen! Sehen Sie die Beule? (Subtext: mit dem*
> *Finger drauf zeigen) Das ist mir passiert, als ich einen Schrank*
> *aufmachen wollte (Subtext: Kurze Sprechpause). Unseren Schuh-*
> *schrank. Der ist ungefähr so hoch. (Subtext: Mit Händen die*
> *Höhe des gerade mal 50 Zentimeter hohen Schrankes zeigen).*

Gehen Sie insgesamt durch Ihre Darbietung und machen Sie sich
klar, wie Sie jede einzelne Zeile präsentieren wollen. Fragen Sie
sich, wie Sie die Worte mit Stimme und Körpersprache ausleben
wollen. Wo machen Sie eine Sprechpause? Welche Aussagen gehören als Sinneinheit zusammen? Wo sprechen Sie leiser? Welche
Gesten setzen Sie ein? usw.

In Sinnschritte einteilen

Markieren Sie Ihren Text nach Sinnschritten. Sinnschritte sind
Aussagen, die als Einheit zusammengehören. Sie sollten auf einen
Blick erfasst und „in einem Rutsch" gesprochen werden können.
Markieren Sie sich gleichzeitig auch Pausen. Auf diese Weise
kommt die inhaltliche Botschaft beim Publikum an.

Sinnschritte:
Aussagen, die als Einheit
präsentiert werden.

Übung: In Sinnschritten denken und sprechen

Was ein guter Sinnschritt ist, können Sie sich bewusst machen,
indem Sie einer Person einen Text vortragen. Schauen Sie auf
Ihre Textvorlage. Wenn es Ihnen gelingt, das, was Sie gelesen
haben, dem anderen fehlerfrei mit Blickkontakt zu erzählen, haben Sie eine passable Sinneinheit ausgewählt. Das zweite Kriterium ist, dass Ihr Zuhörer die Information mühelos verstehen
kann. Das erkennen Sie daran, dass er Ihnen den vorgetragenen
Satz in den gleichen Worten wiederholen kann. Meistens um-
fasst ein Sinnschritt einen einfachen Satz oder einen Satzteil
mit ca. zehn Worten. Beispiel:

> *Da war ich heute morgen in der Stadt, // (Sinnschritt)*
> *um mir eine blaue Jeans zu kaufen. // (Sinnschritt)*
> *Leider gab es keine mehr. // (Sinnschritt) usw.*

Daumen im Skript

Wenn Sie noch eng an die Textvorlage gebunden sind, ist es leichter, den Faden zu behalten, wenn Sie einen Finger bzw. den Daumen immer genau da im Text platzieren, wo Sie sich gerade befinden. So geht das „Lesen – Denken – Sprechen" einfacher.

Text-Gerüst vor Augen

Das Gerüst sagt aus, welches die wichtigen Eckpunkte in der Darbietung sind. Es gilt, im Geiste stets ein Stück vorauszuschauen und zu wissen, in welche Richtung der Text geht. Indem Sie die ganze Darbietung vor Augen haben, können Sie einen Spannungsbogen besser aufrecht erhalten.

Die Gags kennen

Machen Sie sich bewusst, wieso ein bestimmter Gag funktioniert.

Wenn man einen Gag vielfach geprobt bzw. erzählt hat, weiß man nicht mehr, was daran lustig ist. Deshalb ist es wichtig, sich klar zu machen, wieso eine Textzeile einen Lacher verursacht. Dazu muss man wissen, welche Aussage die Pointe ausmacht, da man sich sonst den Gag zerstört. Die Pointe ist der einzige Grund, weshalb man überhaupt die Story erzählt.

Comedians mit langjähriger Erfahrung sagen, dass sie trotz all ihrer Routine nie hundertprozentig genau sagen können, ob ein neuer Gag lustig ist und wie man ihn entsprechend präsentieren sollte.

Verlieren Sie nie das Ziel aus den Augen, eine Publikumsreaktion zu verursachen.

Trotz allem braucht man ein Verständnis vom Gag, um ihn selbstbewusst und korrekt zu präsentieren. Machen Sie sich klar, dass Sie jede Zeile nur aus dem Grund erzählen, um eine Publikumsreaktion zu provozieren. Deshalb ist es wichtig, so viel wie möglich über einen Gag zu lernen. Wenn Sie wissen, wie er funktioniert und wie Sie ihn am besten präsentieren sollten, gelingt Ihnen im Endeffekt auch ein großer Lacher.

Feinschliff

Verändern Sie aufgrund der Erfahrungen aus Ihren Proben den Aufbau bzw. den Inhalt Ihrer Darbietung. Gutes Material geht Ihnen ganz leicht über die Zunge. Verändern Sie Passagen, bei denen es Probleme gibt. Textpassagen sind nach Beobachtung von *Judy Carter* überarbeitenswert, wenn

Wenn Ihnen Passagen nicht leicht über die Zunge gehen, sind sie überarbeitungswürdig.

▶ es ein Sprachproblem gibt. Die Wortwahl ist formal und steif.
▶ eine dahinter stehende Einstellung nicht passt. Probieren Sie eine neue Haltung aus und produzieren Sie damit erneut Ideen.
▶ die Informationen redundant sind. Verändern Sie Ihren Einleitungstext für Pointen.
▶ Sie nicht voll dahinter stehen. Sie fühlen sich vielleicht vom Thema gelangweilt oder merken, es ist nicht Ihr Stil. Trennen Sie sich davon und finden Sie etwas Interessanteres.

Neue Ideen für Pointen und Präsentation

In dem Moment, wo Sie Gags aufführen, kommen Ihnen erfahrungsgemäß aus der Situation heraus neue Einfälle und Ideen. Am besten ist es, per Video oder Tonband die eigene Probe aufzuzeichnen, um so den Wortlaut bzw. die dazugehörige Körpersprache in Erinnerung zu behalten und bewusst einzubauen.

Mit der Anwendung kommen stets neue Ideen, die Sie nutzen sollten.

Proben Sie nicht zu viel

Sie sollten zwar Ihr Material kennen, aber es nicht zu konkret machen. Wenn der Text zu gut gelernt ist, klingt er leicht roboterhaft aufgesagt. Lernen Sie ihr Material, aber seien Sie stets bereit, sich auf aktuelle Vorkommnisse einzustellen. Denn Ihre Darbietung hängt sehr stark vom Publikum ab. Bleiben Sie flexibel genug, ihrerseits auf dessen jeweilige Reaktionen zu reagieren.

Bleiben Sie flexibel, um auf einzelne Situationen reagieren zu können.

4.3 Risikobereitschaft

Sie haben Ihre Jokes geschrieben. Sie stehen vor der Premiere. Plötzlich beschleichen Sie Zweifel. Zünden die Gags wirklich? Wie werden meine Seminar- bzw. Vortragsteilnehmer diese aufnehmen?

In Ihrer Phantasie taucht folgendes Bild auf: Sie stehen vor den Leuten. Sie präsentieren Ihre Beiträge und es gibt keine Reaktion. Die Leute starren Sie an. Es gibt einige Personen, die husten. Sie machen weiter und nichts passiert.

Seien Sie mutig – trauen Sie sich etwas zu.

Dass sind ganz normale Ängste. Es ist Ihre innere kritische Stimme, die sich meldet und sagt: *„Lass es, der taugt nichts."* Und eine zweite Stimme sagt: *„Wenn Du den Gag machst, halten sie Dich für verrückt und schmeißen Dich raus."* Und eine dritte Stimme rundet das ganze mit dem Resümee ab: *„Dann kannst Du Deinen Hut nehmen und brauchst Dich nicht mehr auf der Rednerbühne blicken zu lassen."* Zyniker pflegen dann zu sagen: *„Und dann gebe ich mir die Kugel."*

Mit solch einer Haltung wird jemand auch die besten Jokes so schlecht präsentieren, dass seine Teilnehmer einen Gähnkrampf bekommen.

Wenn es mal floppt ...

Meistens passiert dann nämlich Folgendes. Sie erzählen zwar den Gag, aber aus Unsicherheit und Selbstzweifel so schnell und so wenig pointiert, dass er an den Ohren Ihrer Zuhörer vorbeirauscht. Dazu habe ich folgende Erfahrung gemacht:

Beispiel:
Ich bereitete für das Telefonmarketing-Team eines Tiefkühlgerichteherstellers ein Training vor. Die Vorbereitung bestand darin, Aufnahmen von Telefonaten anzuhören und daraus den Schulungsbedarf für das Training abzuleiten. Insgesamt waren es acht Audio-Kassetten à 90 Minuten, die ich stichprobenartig anhörte.

Dabei kam mir folgende Gag-Idee: Ich wollte sehr übertrieben darstellen, dass ich Unmengen von Kassetten durchgehört hatte. Um dies zu illustrieren, wollte ich einen riesigen Berg von rund 20 Kassetten vor den Teilnehmern auftürmen.

Den Teilnehmern erzählte ich dann Folgendes: *„Ich habe mich durch Berge von Kassetten durchgehört, um dieses Training für Sie vorzubereiten."* Dabei holte ich aus meiner Tasche zunächst ca. drei Audiokassetten heraus. Und fuhr mit den Worten fort: *„Es war eine Unzahl von Kassetten."* Stück für Stück türmte ich auf meinem Tisch immer mehr Kassetten auf, bis ca. zwanzig übereinander gestapelte Kassetten zu sehen waren. Erst nach einer Pause beichtete ich dann: *„Okay, es waren nicht ganz so viele ..."*

In diesem Training hatte ich eine Praktikantin dabei, die mir hinterher berichtete, wie sie die Präsentation des Jokes erlebt hatte. Sie meinte, ich hätte die Kassetten zu schnell auf den Tisch gelegt. Ich hätte auch noch viel intensiver mit Tonfall und Stimme darstellen müssen, welche Unmengen von Kassetten ich vorher durchgehört habe. Es war zu wenig Übertreibung in der Präsentation. Dadurch hat der an sich gute Gag aus ihrer Sicht nur einen Schmunzler ausgelöst.

Dass Gags nicht ankommen, hat mit der Angst vor dem Versagen zu tun. Sie stellt sich stets besonders dann ein, wenn wir gewohnte Bahnen verlassen und etwas Neues ausprobieren. Und gerade das tun Sie, wenn Sie die Regeln aus diesem Buch nutzen und frische, originelle Ideen in Ihr Programm einfließen lassen.

Die Angst vor dem Versagen ist ganz normal. Sie gehört zum kreativen Prozess.

Diese Angst vor dem Versagen ist ein großes Hindernis, um gute Fertigkeiten zu erlangen. Manche Comedians haben davor so viel Angst, dass sie niemals neues oder verändertes Material ausprobieren, so die Beobachtung von Judy Carter. Solche Niederlagen gehörten aber zum kreativen Prozess. Sie habe keinen einzigen Komiker, Sänger, Schreiber, Verkäufer getroffen, der nicht auch mal versagt hätte.

Als Infotainer werden Sie polarisieren. Sie können es zwangsläufig nicht allen recht machen.

Wer kein Mut zum Risiko hat, bleibt jedoch im Mittelmaß und erzielt nur eine flache Wirkung. Schon in der Werbung heißt es: *„Einen toten Hund tritt man nicht."* Sie müssen in gewisser Weise bereit sein, Spannungen aufzubauen und Emotionen in Kauf zu nehmen. Verabschieden Sie sich von der Vorstellung, allen gefallen zu wollen.

Das richtige Maß zu finden, stellt natürlich einen schmalen Grad dar. Comedian *Ingo Appelt* ist vor einiger Zeit mit seiner PRO7-Fernsehshow an den Grenzen des guten Geschmacks vorbeigeschossen. Er hat durch zu aggressiven und provozierenden Humor zu stark polarisiert. Seine Show wurde abgesetzt.

Machen Sie sich daher folgende wichtige Grundeinstellung zu eigen:

> *Comedy bedeutet, Risikobereitschaft zu haben. Ob ein Witz etwas taugt, erfahren Sie letztlich nur dadurch, indem Sie den Witz ausprobieren. Erfolg und Misserfolg liegen eng beieinander. Doch ohne Risiko kein Erfolg.*

Denken Sie an den bekannten Satz „Versuch macht klug". Um festzustellen, was ein Witz taugt, braucht es in der Regel mehrere „Test-Publikums". So haben Sie einen repräsentativeren Querschnitt.

Um nicht zu sehr gedanklich in „Versagensängsten" gefangen zu sein, konzentrieren Sie sich am besten auf eine solide Präsentation der Gags. Verkleinern Sie Ihren Blickwinkel und achten Sie nur auf das, was Sie gerade zu tun haben. Blenden Sie alles andere aus, worauf Sie keinen Einfluss haben. Bleiben Sie ganz bei sich.

Zur Selbstberuhigung finde ich auch folgende Gedanken nützlich:

Denken Sie lieber an die Chancen als an mögliche Risiken.

▶ Wir verbringen in der Regel sehr viel Zeit damit, darüber nachzudenken, was andere über uns denken könnten. Meist ist dies gar nicht der Fall. Wir erreichen damit nur, dass wir uns selbst im Weg stehen.

▶ Unsere innere kritische Stimme unterschätzt häufig die Chancen für Erfolg und überschätzt die Gefahr des Misserfolgs.

▶ Um gut zu sein, müssen Sie Risiken eingehen, und das vergrößert die Wahrscheinlichkeit, auch Pleiten zu erleben.

▶ Wirklich gute Gags bedeuten harte Arbeit. Jedes Feedback zeigt Verbesserungsbedarf auf und bringt Sie schließlich zu dem Punkt, wo Sie wissen, welche Gags echte Erfolgsgaranten sind.

Schließlich gibt es verschiedene Verhaltensregeln *(siehe Kapitel 4.15)*, wenn ein Gag nicht zündet. Diese können Sie wahlweise einsetzen, um mit solchen Situationen umzugehen.

4.4 Einstellung: „Ich will unterhalten!"

Mich hat einmal eine Aussage von Popstar Robbie Williams faszi-niert, der in einem Porträt über sich erzählte, dass es ihm ein zen-trales Anliegen ist, sein Publikum zu unterhalten. In seinen Wor-ten kam ein sehr starker Wille zum Ausdruck. Genau solch einen Willen brauchen Sie, wenn Sie im Seminar oder im Vortrag mit In-fotainment nach dem Vorbild der Comedy-Methoden amüsieren möchten.

Es braucht Energie, Enthusiasmus, Begeisterung und Leidenschaft, um mit der Power vor ein Publikum zu treten, sodass dieses sich gleich in Ihren Bann gezogen fühlt. Diese Kraft kommt dann ganz automatisch aus Ihnen heraus, wenn Sie bei dem, was Sie tun und präsentieren, selbst am meisten Spaß haben.

Die Bühne gehört mir, ich will unterhalten!

Künstler, die in dieser Weise auftreten, vermitteln den Eindruck: *„Die Bühne gehört mir."* Sie stehen da und zeigen unerschütterli-ches Selbstvertrauen. Es schwingt eine Haltung mit, wie *„Ich bin hier auf der Bühne, weil ich mich danach sehne, hier zu sein und Sie als Publikum zu unterhalten".*

Ich will diese Performance noch mit einem anderen Beispiel be-schreiben. Ich war einmal bei einem Football-Match in Düsseldorf. In der Pause trat vor zigtausenden von Leuten auf der Bühne im Stadion die Pop-Gruppe Rednex mit ihrem Titel „Spirit of the Hawk" auf. In dem Moment, als die Musik begann, waren die Grup-penmitglieder voll da. Sie brachten solch eine Power rüber, dass sie innerhalb der drei Minuten Spielzeit die Aufmerksamkeit aller komplett auf sich gezogen hatten.

Machen Sie sich solch eine Haltung zu eigen, und Sie werden Ihre Zuhörer erreichen. Verspüren Sie den Drang, vor die Leute zu tre-ten und Ihre Geschichte zu erzählen – wie ein Kind, das voller Mitteilungsdrang von der Schule nach Hause zur Mutter kommt und losplappert. Diese Form der Energie, dieser Drang, etwas zu er-zählen, ist das, was Sie auf der Vortragsbühne brauchen.

Gerade Ihre Power und Ihr persönlicher Spaß zeigen Ihren Teilnehmern, dass Sie die Professionalität haben und sich auch nicht von ausbleibenden Lachern schocken lassen. Wenn Sie nicht stark auf die „Bühne" gehen, ermöglichen Sie es den Zuhörern nicht, sich zu entspannen und es zu genießen. Schnell übertragen sich dann Gefühle von Unsicherheit, oder es gibt sogar Mitleid.

Ihre Einstellung ist vielfach der einzige Erfolgsgarant. Es ist Ihre Überzeugungskraft, dass Ihre Redebeiträge gut sind. Machen Sie sich klar, wie oft Künstler, Comedians oder Musiker allein dadurch das Publikum gewinnen, dass sie eine unheimlich starke Performance zeigen. Das ist das Universalrezept, um Gags gut rüberzubringen.

Ihre Einstellung ist der Funke, der überspringt.

Im Vergleich dazu erkennt man eine schlechte Performance daran, dass der Vortragende nicht wirklich in Kontakt mit dem Publikum kommt. Er wirkt eher ängstlich und zurückhaltend. Er ist vorsichtig und scheint lieber von der „Bühne" gehen zu wollen. Es ist die eigene Körpersprache, die einen in solchen Fällen sofort beim Publikum entlarvt.

4.5   Kontakt zum Publikum –
Die Blicke sammeln

Wie bei allen Redesituationen gilt es zu Beginn, den Teilnehmern einen Moment Zeit zu lassen, Sie anzuschauen, bevor Sie mit einem Seminar oder Vortrag starten. Suchen Sie sich im Publikum ein sympathisches Gesicht, auf das Sie sich einstellen können.

Blicken Sie freundlich in Richtung der ausgewählten Person zur Eröffnung und warten Sie auf eine Reaktion. Machen Sie sich diese Person zum „Freund". Haben Sie sie während Ihrer Darbietung stets im Blick. Richten Sie auch die Gedanken, die sich aus Ihrem spontanen Gefühl nach einer Pointe ergeben, zu dieser Person.

Suchen Sie sich einen „Freund" im Publikum.

Dieses Prinzip wirkt sich besonders dann aus, wenn Sie z.B. bei einem Vortrag ein großes Auditorium haben. Die Verbindung mit jemandem in den ersten drei Reihen erzeugt eine Sympathie, die sich bis in die letzten Reihen überträgt.

Machen Sie sich klar, dass in dem Moment, wo Sie die Seminar- bzw. Vortragsbühne betreten, es Ihre Aufgabe ist, die Teilnehmer zu führen. Das bedeutet, sie dazu zu bringen, an der richtigen Stelle zu lachen, auf Wunsch zu applaudieren oder irgendwelche anderen erforderlichen Reaktionen zu zeigen.

Ihr Job ist es nun, diese Leute dazu zu bringen, Ihnen zuzuhören und Ihnen Aufmerksamkeit zu schenken. Wichtig ist dafür ein guter „Auftakt-Lacher" als Opening. Durch gut geprobte Beiträge strahlen Sie die entsprechende Professionalität und Autorität aus.

Manchmal braucht es etwas Zeit, bis das Publikum richtig lacht. Anders als bei einem reinen Comedy-Auftritt muss es unter Umständen erst erkennen, dass Lachen in Ihrem Vortrag ausdrücklich erwünscht ist. Lassen Sie Ihr Publikum ruhig wissen, dass Sie gerade etwas Witziges erzählt haben, z.B. durch einen Spruch wie: *„Ich glaube, das nächste Mal verteile ich vorher Lachgas."*

Dazu müssen Sie natürlich zunächst selbst überzeugt sein, dass es auch wirklich witzig war.

Übung: In Kontakt zum Publikum treten

Bei dieser Übung brauchen Sie mindestens eine/n Partner/in. Noch besser sind mehrere Personen, um zu erfahren, wie man einen intensiven Kontakt zu einer anderen Person aufbauen kann, damit eine Botschaft ankommt. Gleichzeitig stellt der zweite Teil eine Übung für die Atmung dar. Richtige Atmung ist eine wichtige Voraussetzung für eine gute stimmliche Performance.

Vorbereitung
Stellen Sie sich gegenüber, bzw. bei einer Gruppe im Kreis auf. Nun geht es darum, zum Gegenüber oder zu verschiedenen Leuten im Kreis zunächst Blickkontakt aufzunehmen und dann mit dem anderen stärker in Beziehung zu treten. Dies erfolgt mit verschiedenen Aktivitäten.

Aufgabe 1
Stellen Sie sich vor, sie hätten einen Ball in der Hand. Schauen Sie Ihrem Gegenüber in die Augen und werfen Sie ihm den imaginären Ball zu. Der gibt dann seinerseits den Ball weiter bzw. zurück.

Aufgabe 2
Schauen Sie Ihr Gegenüber an und sagen Sie in seine Richtung in verschiedenen Lautstärken *„Pssst"* oder *„sssst"* oder *„schscht"* oder *„fffft"*. Halten Sie dabei Ihre Hände nach vorne, Handflächen nach oben, und tun Sie so, als würden Sie beim Ausatmen (z.B. auf *„ffft"*) aus Ihren Handflächen eine Feder zu ihm hinblasen.

Achten Sie darauf, für einige Zeit auf die Silbe *„ffffffffff"* auszuatmen und fügen Sie dann das *„t"* dazu. In dem Moment stellen Sie sich vor, dass die Feder beim anderen gelandet ist. Wenn Sie das *„t"* ausgesprochen haben, lassen Sie Ihren Unterkiefer entspannt nach unten hängen. Es erfolgt automatisch ein Impuls des Einatmens. Wenn Ihr Gegenüber die imaginäre Feder mit seinen Händen aufgenommen hat, hören Sie mit dem Laut auf. Ihr Gegenüber leitet die Feder dann weiter bzw. an Sie zurück.

Übung: Sicheres Auftreten

Die Ziele dieser Übung sind:
► locker und entspannt vor eine Gruppe zu treten
► sich „auf der Bühne" innerlich zu sammeln
► Kontakt zum Publikum aufzunehmen
► die Aufmerksamkeit des Publikums auf sich zu ziehen

Vorgehen

Arrangieren Sie im Raum einen Bereich als Bühne. Stellen Sie vor die Bühne Stühle, auf denen das Publikum Platz nimmt. Es geht los: Immer einer aus dem Publikum steht auf und geht von der linken oder rechten Seite an den Rand der „Bühne". Dann tritt er für einen Moment (ca. zwei Minuten) auf die Bühne vor das Publikum. In dieser Zeit gilt es, „präsent" zu sein. Insgesamt gibt es drei Durchgänge pro Person.

Durchgang 1

Gehen Sie auf die Bühne. Nehmen Sie sich Zeit, in Ruhe zur Bühnenmitte zu gehen. Stellen Sie sich dort mit zugewandtem Körper und Gesicht zum Publikum. Nehmen Sie einen Moment Ihre Körperspannung wahr. Dort, wo der Körper angespannt ist, gilt es, locker zu lassen (z.B. den aufeinander gebissenen Kiefer lösen, durchgedrückte Knie locker lassen, hochgezogene Schultern herunterhängen lassen usw). Richten Sie Ihren Brustkorb auf. Stellen Sie sich dafür vor, von Ihrem Brustbein würde ein Faden hoch zur Decke gehen. Bleiben Sie schweigend stehen und nehmen Sie zu jedem Zuschauer für einen Moment Blickkontakt auf. Danach machen Sie eine kleine Verbeugung. Das Publikum klatscht. Bleiben Sie noch einen Moment mit Blick zum Publikum stehen und gehen Sie dann von der Bühne.

Durchgang 2 + 3

Wenn Sie bei den nächsten zwei Durchgängen nach vorne gehen, machen Sie ohne Worte jeweils eine andere Emotion vor, wie z.B. Langeweile, Freude, Angst usw. Danach machen Sie wieder eine kleine Verbeugung. Das Publikum klatscht. Genießen Sie noch einen Moment den Applaus, bevor Sie wieder an Ihren Platz gehen.

4.6 Seien Sie natürlich und Sie selbst

Oftmals passiert es, dass ein Gag gerade deshalb nicht ankommt, weil Sie zu verkrampft in der Darbietung sind. Je lockerer und natürlicher Sie sind, desto besser kommt Ihr Comedy-Monolog an.

Um in diese lockere und natürliche Haltung zu kommen, hilft es vielen Menschen so zu tun, als würden sie vor guten Freunden und Bekannten sprechen. Dies ist gerade zu Beginn einer Veranstaltung hilfreich, wenn Sie noch etwas Lampenfieber haben.

Reden Sie zu Ihren Seminarteilnehmern oder Vortragsbesuchern so, als würden Sie ganz vertrauten Menschen wie z.B. Ihren Eltern oder Freunden etwas erzählen. Dadurch bringen Sie eine entspannte, leichte und die Ihnen eigentümliche Art der Unterhaltung zu Stande. Erlauben Sie sich, ganz Sie selbst zu sein.

Reden Sie zu Ihrem Publikum, als seien es ganz vertraute Menschen.

Jeder hat bereits seinen eigenen Stil, den er immer dann anwendet, wenn er mit jemandem spricht. Das ist Ihre Art zu denken, zu sprechen, Sätze zu bilden oder Gesten zu machen. Meistens sind unsere natürlichen Eigenschaften viel außergewöhnlicher als wir vermuten. Viele sehr gute Komiker sind auf der Bühne genauso wie im Privaten.

Mit zunehmender Sicherheit und Routine werden Sie Ihren speziellen Stil in der Konversation mit dem Publikum entwickeln.

4.7 Die Worte leben

Wie in *Kapitel 3.6.2.16* schon beschrieben, leben Jokes davon, dass sie aus verschiedenen emotionalen Einstellungen gesprochen und mit Mimik, Tonfall und Körpersprache aufgeführt werden.

Schaffen Sie Abwechslung mit Ihrer Stimme und Körpersprache.

Machen Sie sich klar, dass Stand-Up Comedy als reiner Wortbeitrag für das Auge langweilig ist. Je abwechslungsreicher Sie Ihre Stimme und Körpersprache einsetzen, desto interessanter wird Ihr Beitrag. Ihre Zuhörer reagieren auf die Gefühle und Bilder hinter den Worten. Comedians wie der Schweizer *Marco Rima* oder *Michael Mittermeier* beherrschen diese Methode besonders gut.

So stimmt zum Beispiel *Marco Rima* sein Publikum auf seinen Beitrag mit folgenden Worten ein:

Wenn jemand husten sollte, so in den vorderen Reihen, so „Puaaah" (übertriebenes Husten, als würde gleich jemand eine Bowlingkugel ausspucken), dann soll er sich nach hinten begeben, weil wenn die ganzen Bakterien angeflogen kommen (macht eine Mimik und Gestik wie eine Kreuzung aus Graf Dracula und Fledermaus, gleichzeitig lacht er wie ein Verrückter) und sich dann auf dem Boden versammeln (imitiert mit hoher Stimme ein Sprachgewirr, als wenn sich viele Leute unterhalten) und an mir hochkrabbeln (zeigt mit den Händen ein Hochkrabbeln an den Beinen hoch zum Kopf) und mich befallen, dann muss ich diese Vorstellung erbrechen – ääh, abbrechen. Also, falls sich jemand nicht wohlfühlt, wir haben so kleine Tüten unter den Stühlen, da könnt ihr dann reinamseln, also reinmeiseln – also es hat auf jeden Fall etwas mit „vögeln" zu tun. Ja, genau, reinreihern!
Aber bitte danach nicht aufblasen und dann (macht vor, als würde man eine Tüte aufblasen und dann mit beiden Händen zum Platzen bringen) – dass die ganze Schweinerei hier rumfliegt ...

Stimme, Körpersprache als Pointe

Das Beispiel verdeutlicht, dass die stimmliche oder körperliche Aktion gerne auch als die Pointe nach einem Einleitungstext eingesetzt wird. Dabei ist wichtig, sehr schnell und präzise und nur für einen kurzen Augenblick die entsprechende Mimik, Gestik, etc. schauspielerisch darzustellen und im nächsten Moment wieder mit normaler Stimme den Text weiter zu erzählen. Solch eine prägnante schauspielerische bzw. pantomimische Kunst erfordert Übung und Training.

Stimmliche oder körperliche Aktionen müssen sehr schnell und präzise ausgeführt werden.

Zur Verdeutlichung ein weiteres Beispiel von *Michael Mittermeier* aus seiner Bühnenshow „Zapped". Er erzählt von seinen Erlebnissen auf dem Bahnhof und im Zug:

Da musste ich mit dem ICE nach Frankfurt, weil ab Frankfurt gibt's die billigsten Direktflüge. Frankfurt, ICE, sechs Uhr morgens, alles ausreserviert, ich hänge so völlig genervt (mit genervter Stimme) hinter so einer alten Frau her (macht eine Sprechpause und zeigt in Zeitlupe eine nach vorne gekrümmte Gangart). Und die ging immer so nach vorne gekrümmt. So keuchend (Sprechpause und überzogene Hechellaute). So schlimm, dass ich gedacht habe: „Mein Gott, die verreckt jetzt gleich!" Dann habe ich mir gesagt: „Michael, häng dich hinten dran, da wird bald ein Sitzplatz frei." (Sprechpause, Zeitlupengang). Plötzlich dreht sich die alte Omi um. Ich sehe auf ihrem Arm, die wahre Ursache für das Keuchen (verschränkt dabei die Arme vor der Brust, als hätte er etwas darauf). Hat sie da so einen haarigen, sabbernden Pekinesen (macht überzogene Mimik mit schielendem Blick, reckt die Zungenspitze nach oben zur Nase). (Mit ärgerliche Stimme) Ich hasse diese Drecksköter. Früher habe ich mir noch die Mühe gemacht, die noch alle zu zertreten, so! (Dann, mit lang ausgestrecktem Bein, tritt er mehrfach an verschiedenen Punkten nach vorne auf den Boden, als würde er Ameisen tottreten).

Mit Körpersprache zur Pointe: Michael Mittermeier

Ganz oder gar nicht

Bei allen Ihren stimmlichen und körpersprachlichen Einsätzen kommt es darauf an, diese sehr pointiert, überzogen und „mit voller Energie" einzusetzen. Wenn Sie sich der Elemente aus dem Slapstick oder der Pantomime bedienen, dann ist es sehr wichtig, nicht zu zaghaft „die Worte zu leben", sondern lieber etwas stärker und übertriebener, da sonst die unterhaltsame Wirkung ausbleibt. Kurzum: Leben Sie die Rolle ganz, sonst lieber gar nicht.

Bei sich bleiben – die anderen vergessen

Das ist anfangs leichter gesagt als getan. Denn auf der anderen Seite macht man sich gerade als Anfänger noch viele Gedanken darüber, wie die eigenen „Verrenkungen" und „Verbalausbrüche" bei den Zuschauern ankommen. Dadurch blockiert man sich jedoch selbst und beraubt sich einer guten Wirkung. Achten Sie deshalb darauf, ganz bei sich zu bleiben und sich voll auf die Ausführung der Rolle zu konzentrieren, wenn Sie eine Figur bzw. eine Situation spielen. Vergessen Sie die anderen.

Nicht, dass Sie sich nachher selbst vergessen.

Voll in die Rolle gehen

Bringen Sie sich in die emotionale Haltung der gespielten Rolle.

Um Körper und Stimme entsprechend einzusetzen, ist es erforderlich, dass Sie sich zunächst in die dazugehörige emotionale Haltung versetzen, aus der der Joke erzählt wird. Sonst klingen die Beiträge wie eine Ansammlung lebloser Worte. Halten Sie sich auch bildlich in Ihrer Phantasie vor Augen, in welchem Umfeld Sie die Rolle spielen. Wenn Sie an das eben genannte Beispiel von Michael Mittermeier denken, ist es wichtig, sich genau den Bahnhof und die alte Dame mit ihrem Pekinesen vorzustellen. Je lebendiger Ihr inneres Bild ist, desto lebendiger kommt Ihre Performance auch beim Publikum an.

Verschiedene Stimmen einsetzen

Um einen Dialog zwischen zwei Personen zu verdeutlichen, nutzen Comedians gerne die Möglichkeit, mit verschiedenen Stimmen zu sprechen und auch aus verschiedenen Richtungen. So spricht z.B. das Kind von der rechten Seite und der Vater von der linken Seite.

Mit genügend Übung und Talent können Sie sogar noch weiter gehen und Dialekte (z.B. sächsisch), bekannte Personen (z.B. der Papst, der Bundeskanzler) oder ausländische Akzente (z.B. österreichisch) einsetzen. Ein guter Stimmenimitator ist beispielsweise *Jörg Knör*. Sein Kabinettstückchen ist die Schauspielerin Inge Meysel.

Der gespielte Dialog zwischen zwei Personen erfordert Übung und präzises Timing.

Sie können aber auch einfach nur ein paar Gesten oder Aussprüche kopieren, die bei Ihrem Publikum einen Wiedererkennungswert haben, wie z.B. den verzückten Ausruf *„Hmmmmm!"* von Alfred Biolek, den viele aus seiner Kochsendung „alfredissimo" kennen.

Übung: Schauspielerische Elemente identifizieren

Schauen Sie sich Comedians wie Michael Mittermeier oder Marco Rima an, die mit besonderem „Körpereinsatz" spielen. Machen Sie sich anhand der Beispiele klar, worauf es ankommt, damit die „schauspielerischen Elemente" die Pointe verstärken.

Machen Sie sich auch gleichzeitig klar, aus welcher (emotionalen) Einstellung die Comedians Ihren Beitrag darbieten. Steckt dahinter Ärger, Stolz, Freude, Ironie etc.?

Profis um Feedback bitten

Nach meiner Erfahrung ist es ausgesprochen hilfreich, spezielle Fachleute hinzuzuziehen, um die eigene sprachliche Ausdrucksfähigkeit und Performance auf der Vortrags- und Seminarbühne zu steigern.

Einen idealen Hintergrund haben Experten, die sowohl eine logo-pädische als auch eine Schauspielausbildung haben. Sie können Ihnen nämlich gleichermaßen vermitteln, wie Sie Ihre Stimme besser einsetzen, Ihre Worte besser leben können, und wie Sie sich vor Ihrem Publikum am besten in Szene setzen.

Dazu ein Beispiel. Ich pflege in Seminaren zum Thema „Umgang mit Beschwerden am Telefon" eine Szene vor den Teilnehmern vor-zuspielen, die eine Todsünde der Reklamationsannahme demonstr-iert und erfahrungsgemäß ganz amüsant ankommt. Diese Todsünde beschreibt die Situation, dass auf einen emotionalen Anrufer nur kurz und sachlich reagiert wird. Die Szene ist wie folgt:

> *Ich stelle mich seitlich zu den Teilnehmern und rege mich aus der Sicht eines verärgerten Anrufers mit lauter, aggressiver Stimme über einen kaputten Toaster auf.*
> *Nach 30 Sekunden Tirade wechsele ich meine Position um 180 Grad, als würde ich nun dem imaginären Kunden von Angesicht zu Angesicht gegenüberstehen, um die Rolle des Hotline-Mitar-beiters einzunehmen.*
> *Ich reagiere dann aus dessen Sicht auf den Wutausbruch des Kunden mit den emotionslos gesprochenen Worten: „Die Kundennummer bitte ..."*

Bislang hatte ich gedacht, dass ich diese Szene schon sehr gut präsentiere, weil üblicherweise die Teilnehmer amüsiert sind. Doch stellte sich heraus, dass sich die Darstellung noch sehr viel mehr professionalisieren ließ.

Profi-Tipps für den gespielten Dialog zwischen zwei Personen.

Um Ihnen dieses zu verdeutlichen, möchte ich Ihnen das Feedback der Schauspielerin und Logopädin, die ich konsultiert hatte, hier wiedergeben:

▶ Stellen Sie sich nicht quer zum Publikum, sondern mit halb zugewandter Körperhaltung. Behalten Sie aus jeder Rolle Blickkontakt zum Publikum. (Ich stand bisher quer und hatte keinen Blickkontakt.)

▶ Sprechen Sie den Anrufer mit einer anderen Stimme (Ich hatte mit eigener Stimme gesprochen).

▶ Stellen Sie eine Überleitung zwischen den Rollen her. Sagen Sie z.B., nachdem sie die letzten Worte aus der Kundenrolle gesprochen haben, den Satz: *„Reaktion des Hotline-Mitarbeiters: ..."* Dabei ist es wichtig, für diese Rolle des Kommentators eine andere Standposition auf der „Bühne" einzunehmen, um die Rollen sauber zu markieren. (Ich war von Rolle eins nahtlos zu Rolle zwei übergangen.)

▶ Simulieren Sie einen Telefonhörer in der Hand, da die Szene eine Telefonsituation darstellt. (Ich hatte es als vis-á-vis-Situation dargestellt.)

▶ Sprechen Sie langsamer und betonter aus der Kundenrolle. (Ich hatte sehr schnell hintereinander die ärgerlichen Worte gesprochen, so dass die Inhalte für den Zuhörer gar nicht alle verständlich wurden.)

Das Beispiel hat mir gezeigt, was alles an Feinarbeit und Fähigkeiten dahinter steckt, um eine gute „Bühnenperformance" für Infotainment zu bekommen.

Aus diesen Erkenntnissen leiten sich verschiedene Übungen ab, die Sie auf den folgenden Seiten kennen lernen werden.

Übung: In Emotionen sprechen

Nehmen Sie sich einen beliebigen Text. Auch ein Telefonbuch ist erlaubt. Sprechen Sie den Text in den verschiedenen, unten genannten emotionalen Stimmungen. Folgende Tipps helfen Ihnen, besser in die entsprechenden Gefühlszustände zu kommen:

▶ Beziehen Sie die Emotion auf den Text: Ärgern oder freuen Sie sich über das, was im Text steht. Beispiel: *„Die blöde Nacht, wie kommt die Nacht eigentlich dazu, die Dächer zu bedecken usw."*

▶ Verwenden Sie passende Füllworte bzw. Fülllaute, wie z.B. *„toll", „Schluchzen", „Seufzen".*

▶ Erinnern Sie sich, wie Sie Emotionen im Alltag wahrnehmen. Denken Sie zum Beispiel an Kinder, die unbekümmert alle Emotionen ausleben.

▶ Verwenden Sie eine Phantasiesprache. Sprechen Sie Silben und Buchstaben, die ohne Bedeutung sind. Beispiel: *„Mamsmau vildeau warmin ganu trofft."* Versuchen Sie, in dieser Phantasiesprache die Stimmung zu vermitteln. So bekommen Sie ein Gefühl für den erforderlichen Sprechrhythmus, den Einsatz der Stimme und für hilfreiche Füllworte bzw. Fülllaute.

▶ Unterstreichen Sie Ihre Ausführungen, indem Sie auch die zur Stimmung passende Körperhaltung einnehmen.

▶ Haben Sie Spaß an den Emotionen. Je größer Ihre Lust ist, die Gefühle auszuleben, desto leichter kommen Sie in die Stimmung hinein.

Die Erfahrung zeigt, dass jeder bestimmte Emotionen hat, in die er besonders leicht hineinkommt. Sie lassen sich leicht spielen. Andere Emotionen bereiten dagegen mehr Aufwand. Wenn Sie zum Beispiel jemand sind, zu dessen Selbstbild ein Gefühl wie „Zorn" nicht passt, dann werden Ihnen anfangs die Ausdrucksmöglichkeiten dafür fehlen. Es braucht Übung und Training. Wenn Sie dagegen ein ausgemachter Wutnickel sind, gelingt Ihnen diese Emotion spielend.

Übung: In Emotionen sprechen (Fortsetzung)

Je häufiger Sie üben, Stimmungen auszudrücken, desto besser sind Sie irgendwann in der Lage, feine Nuancierungen in den Gefühlen zu leben. Ihnen gelingt es dann z.B., eine ärgerliche Stimmung in der Bandbreite von leichter Pikiertheit, mittlerem Ärger bis hin zu einem maßlosen Wutausbruch darzustellen.

Gehen Sie nun daran, wie oben beschrieben, Ihren Text in den folgenden Stimmungen zu sprechen:

▶ Traurig (mit gebrochener Stimme sprechen, verheult, mit Schluchzen, Endsilben ein bisschen langgezogen, teilweise nuschelig, verschwommen sprechen, sich dabei ein Kind vorstellen, wie es losheult.)

▶ Gelangweilt (monoton, unemotional, keine Höhen und Tiefen, eine Sprechebene, keine Betonung.)

▶ Begeistert, freudig (helle Stimme, Lächeln im Gesicht, Höhen und Tiefen, Betonung.)

▶ Ärger, Entrüstung (etwas lauter, härter im Tonfall, zackiger, genervter Rhythmus, auch mal lang gezogene Worte wie z.B. „Miiiissst", um Entrüstung zu verdeutlichen.)

▶ Jammer-Typ / depressive Stimmung (sich an Jammer-Typen erinnern, oft zu hören beim Arzt oder im Bus, „seufzen", mit leiser und gedrückter Stimme, Füllworte wie „Die Welt ist ja so schlecht".)

▶ Inkongruenz / Sarkasmus (Die Worte drücken was anderes aus, als die Stimme. „Toll hast du das gemacht, waaahnsinnig toll! Ich bin begeistert!")

Probieren Sie noch weitere Stimmungen aus. Die passende Vorlage für verschiedene Gefühlszustände bietet Ihnen die Verhaltensweise Ihrer Mitmenschen. Gehen Sie einfach mit offenen Augen durch die Welt und beobachten Sie.

Übung: Charaktere leben

Bei dieser Übung geht es darum, sich in präsentierte Figuren hineinzudenken und sie stimmlich und körpersprachlich zum Leben zu erwecken. Um in diese Rollen bzw. Charaktere leichter schlüpfen zu können und sie zu präsentieren, finde ich folgende Hinweise nützlich:

▶ Beobachten Sie Leute im Alltag und übernehmen Sie Gesten, Mimiken, Gangart usw. für das eigene Schauspielern.

▶ Führen Sie sich den darzustellenden Charakter genau vor Augen. Je klarer Ihnen das Bild zu der Person ist (Alter, Biographie, Sprechrhythmus), umso leichter werden Sie zu der Person. Nützliche Fragen sind: Wie sieht die Person aus? Was macht sie für Gesten? Welche Körperhaltung ist passend? Welches Accessoire unterstreicht den Charakter?

Z.B., der Charakter ...
... verschränkt die Arme.
... hat die Brille vorne auf der Nasenspitze, über die er hinweg lugt.
... sitzt mit schlaffer Körperhaltung da und spricht emotionslos.
... rollt mit den Augen.
... kaut Kaugummi.
... hat ein Handy in der Hand.

Beschränken Sie sich anfangs nur auf einen Aspekt, der den Charakter unterstreicht. Achten Sie darauf, dass dieser eine Aspekt ganz präzise dargestellt wird. Dabei ist richtiges Timing erforderlich. Sie können bei guten Comedians beobachten, wie sie von einer Sekunde auf die andere ganz präzise in einer Geste, einem Gesichtsausdruck oder einer bestimmten Stimmlage sind, die den Charakter verdeutlicht.

▶ Setzen Sie den ganzen Körper (Mimik, Gestik, Haltung) ein. Wenn Sie z.B. einen Choleriker mimen, feuern Sie aus dieser Rolle heraus z.B. Sachen in eine Ecke.

Übung: Charaktere leben (Fortsetzung)

▶ Stellen Sie sich genau die Szene vor, in der Sie spielen. Wie sieht der Raum aus? Wie sehen die anderen beteiligten Charaktere aus?

▶ Machen Sie sich klar, wie die Figuren auf der Bühne räumlich agieren. Beispiel: Charakter 1 spricht von links, Charakter 2 von rechts. Der neutrale Erzähler der Geschichte spricht aus der Mitte.

▶ Legen Sie fest, welcher Text aus der Rolle des Erzählers gesprochen werden muss und wie Sie verdeutlichen können, aus welchem Charakter danach gesprochen wird. Beispiel: Der Erzähler sagt: „... und nun hören wir, was der Kunde dazu meint."

▶ Wenn Sie mehrere Charakter vorspielen, achten Sie darauf, dass sich diese stimmlich und körpersprachlich unterscheiden.

▶ Lassen Sie sich innerlich Zeit, wenn Sie aus einem Charakter sprechen.

▶ Üben Sie die Rolle, damit sie genau wissen, wann Sie bei Ihrer Geschichte welche Stimme, Gestik oder Körperbewegung machen müssen. Machen Sie sich auch klar, wann Sie das Tempo anziehen, beibehalten oder herausnehmen.

Nehmen Sie nun folgende Geschichte über einen Patienten, der glaubt, er sei eine Leiche. Diese Geschichte stammt aus dem Buch von *Robert Dilts „Die Veränderung von Glaubenssystemen".* Ich verwende Sie gerne, um Seminarteilnehmern zu verdeutlichen, dass man bestimmte „Einstellungen" trotz bester Argumentation nicht knacken kann.

Übung: Charaktere leben (Fortsetzung)

Überlegen Sie sich, wie Sie diese Geschichte als Stand-Up Comedy präsentieren können. Wie lässt sich aus der geschriebenen Geschichte ein Stand-Up Comedy-Gag machen?

Nehmen Sie dann die Präsentation auf Video auf und analysieren Sie Ihre Darbietung. Holen Sie sich am besten auch Meinungen von anderen Menschen zu Ihrem Beitrag ein.

Die Geschichte

Es geht um einen Menschen, der glaubt, er sei eine Leiche. Er isst nicht. Er geht nicht zur Arbeit. Er sitzt einfach die ganze Zeit über da und behauptet, er sei eine Leiche.

Ein Psychiater versucht, den Mann zu überzeugen, dass er lebt. Er sagt: „Schauen Sie sich doch mal an. Sie haben rosafarbene Haut. Sie atmen. Sie sitzen hier und fallen nicht vom Stuhl. Sie leben."
Der Patient: „Nein, ich bin tot."
Der Psychiater versucht, dem Patienten nun immer wieder klar zu machen, dass er lebt. Doch der bleibt fest davon überzeugt, dass er tot sei.
Schließlich hat der Psychiater einen genialen Einfall. Er fragt: „Sagen Sie, können Leichen bluten?"
Darauf der Patient: „Nein, weil alle Körperfunktionen zum Stillstand gekommen sind, kann eine Leiche nicht bluten."
Daraufhin sagt der Psychiater: „Also gut. Dann wollen wir mal ein Experiment machen. Ich werde eine Nadel nehmen, Ihnen damit in den Finger stechen und schauen, ob Sie bluten."
Da der Patient eine Leiche ist, kann er nicht viel dagegen sagen.
Der Psychiater sticht ihm also in den Finger und der Finger des Mannes fängt an zu bluten.
Der Patient schaut sich die Sache völlig verblüfft an und ruft: „Verdammt, Leichen bluten doch."

4.8 Jeder muss Sie gut hören und verstehen können

Der beste Gag verebbt, wenn ihn Ihre Zuhörer akustisch nicht verstehen. Das kann daran liegen, dass Sie den Gag zu schnell oder zu leise gesprochen oder vernuschelt haben.

Die beste Comedy wird zerstört, wenn sich die Zuhörer fragen: *„Was hat er gesagt?"*

Ein Hauptproblem stellt in der Regel das Sprechtempo dar.

Die meisten von uns sprechen schneller als sie denken. Wir wissen, was wir sagen wollen und wir hören schon die Worte im Kopf, bevor unsere Stimme begonnen hat, die Worte zu transportieren.

Dem Zuhörer geht es nicht so. Er hört Ihre Worte zum ersten Mal, ohne zu wissen, was Sie dabei im Sinn haben. Gerade wenn Sie einen Joke vorher sehr viel geprobt oder schon oft erzählt haben, birgt er die Gefahr, dass er „wie aus der Pistole geschossen" kommt. Das ist für einen Zuhörer meistens zu schnell. Ihm entgeht der Sinn des Gehörten, er lacht natürlich nicht.

Achten Sie auf Ihr Sprechtempo. Der Zuhörer muss Ihre Botschaft decodieren können.

Bei Lampenfieber neigen wir besonders dazu, viel zu schnell zu reden. Ein weiterer Grund ist, dass wir im Kopf haben, „der Gag könnte floppen" und deshalb ganz schnell auf eine Pointe schon den nächsten Witz erzählen. Da Ihr Zuhörer jedoch noch nicht einmal den ersten Witz verdaut hat, bekommt er den nächsten Witz erst recht nicht mit.

Sprechen Sie deshalb bewusst etwas langsamer und artikulierter, d.h. klarer. Die richtige Sprech- und Atemtechnik können Sie z.B. mit einem Logopäden oder Sprecherzieher erlernen oder durch speziell ausgebildete Trainer.

Genauso wichtig wie die klare Sprechweise ist, Ihren Text so zu verändern, dass eine Pointe klar, deutlich und verständlich transportiert wird.

Tipps zur Akustik: Damit Ihre Zuhörer Sie akustisch gut verstehen, ist es ratsam, im Vorfeld zu prüfen, ob Sie jeder im Veranstaltungsraum gut hören kann. Dies gilt erst recht, wenn Sie mit einem Mikrophon arbeiten. Machen Sie sich rechtzeitig vor Ihrem Auftritt mit dem Mikrophon vertraut.

Zum Umgang mit dem Mikrophon

Tipps zum Umgang mit dem Mikrophon:

▶ Spielen Sie nicht mit dem Mikrophonständer. Wenn Sie auf die Bühne kommen, richten Sie das Mikrophon so ein, dass es unter Ihrem Mund ist. Achten Sie drauf, dass das Mikro nicht Ihr Gesicht verdeckt. Bringen Sie es etwa fünf Zentimeter unter Ihrem Mund an. Wenn das getan ist, lassen Sie es so stehen. Es ist ablenkend, wenn jemand dauernd am Mikrophonständer herumhantiert.

▶ Bewegung: Wenn Sie sich im Rahmen Ihres Beitrags bewegen, nehmen Sie eine Hand, um das Mikrophon aus der Halterung zu nehmen, mit der anderen Hand bringen Sie den Ständer hinter sich aus dem Blickfeld. So stolpern Sie auch nicht darüber.

▶ Brüllen Sie nicht ins Mikrophon. Wenn Sie während Ihrer Darbietung sehr viel lauter werden, entfernen Sie das Mikrophon von Ihrem Gesicht.

▶ Vermeiden Sie Rückkoppelungen und andere Nebengeräusche, die dem Publikum im Ohr wehtun bzw. sie von Ihren Worten ablenken.

Übung: Sprechklarheit und Sprechtempo

Die folgende Übung finde ich sehr effizient, um gleichzeitig mehr Sprechklarheit zu erlangen und ein langsameres Sprechtempo zu entwickeln.

Nehmen Sie sich einen beliebigen Text. Nehmen Sie einen Korken in den Mund. Halten Sie den Korken mit den Zähnen fest und lesen Sie laut den Text vor. Sie werden merken, dass Sie Silben und Vokale sehr viel genauer aussprechen müssen.

Nehmen Sie nach ein paar Zeilen den Korken aus dem Mund und lesen Sie den Text weiter. Sie hören dann, wie Sie klarer und langsamer sprechen.

4.9 Das Prinzip „Spannung und Entspannung"

Spannung erzeugen durch den Aufbau der Erwartungshaltung – bis das Lachen wieder entspannt.

Wenn Sie erfolgreiche Comedians in Aktion erleben, dann können Sie beobachten, dass man förmlich an deren Lippen klebt, weil man neugierig ist, wie die Geschichte ausgeht. Sie erzeugen eine gewisse Anspannung, die sich etwa in der Frage ausdrückt: *„Worum geht es bei diesem Witz?"*

Das Publikum merkt, wenn sich ein guter Präsentator der Pointe nähert und gerade dabei ist, den Höhepunkt aufzubauen. Die Erwartungshaltung wächst.

Ist der Witz gut, dann entlädt sich alle angespannte Energie, wenn die Pointe verklungen ist, und zwar in Form eines Lachens. Je mehr Spannung Sie durch Ihre einleitenden Worte erzeugen, desto größer wird die entspannende Reaktion sein.

4.10 Richtiges Timing und Zuschauerreaktionen beachten

Mit richtigem Timing ist gemeint, die Gags so zu präsentieren, dass sie zu den Reaktionen bzw. zu dem Verhalten des Publikums passen. Manchmal macht man nur kurze Pausen zwischen den Gags, dann verzögert man wieder, bis man den nächsten Gag erzählt– das alles hängt vom Verhalten des Publikums ab.

Ihr Publikum bestimmt das Timing Ihrer Präsentation.

Nach Beobachtung von Gene Perret neigen gerade unerfahrene Komiker dazu, die Reaktionen des Publikums zu ignorieren bzw. zu übersehen. Sie kommen auf die Bühne und ziehen nur ihr gut geprobtes Programm ab. Sie hören nicht auf das Publikum.

Gutes Timing ist zum einen Erfahrungssache, zum anderen abhängig von der Tagesform. Beim Timing geht es darum, feine Hinweise des Publikums aufzunehmen und darauf zu reagieren. Ideal ist, Publikumsreaktionen ein wenig vorherzusehen, um die Pointe genau dann bringen zu können, wenn sie ideal „zündet".

Eine gute Pointe ist vom Effekt und vom Timing in etwa so, als würde man jemandem dem Teppich unter den Füßen wegziehen.

Zum richtigen Timing gehört auch das Wissen, wann man den nächsten Gag zu erzählen beginnt. Großartige Witze verpuffen in ihrer Wirkung, wenn der Vortragende dem Publikum nicht den Moment Zeit lässt, um auf den Witz zu reagieren.

Schließlich beinhaltet Timing auch die Fähigkeit zu erkennen, ob die Publikumsreaktionen spontane Ergänzungen zulassen, die die Heiterkeit noch verstärken.

Beispiel:
Ich erzählte einmal bei einem Konfliktmanagement-Seminar die Geschichte von einem Mann und einer Frau. Der Mann wollte der Frau sagen, dass er Sie heiraten will. Als ich dann die Worte „Liebe und Heirat" gesagt hatte, grinsten die Teilnehmer. Das verstärkte ich spontan mit den Worten „richtig romantisch".

4.11 Lacher genießen

Würdigen Sie die Lacher, denn Applaus ist das Brot des Künstlers!

Wenn das Publikum lacht, hetzen Sie nicht zum nächsten Beitrag. Stoppen Sie, und erkennen Sie das Lachen an. Hören Sie dem Publikum für einen Moment zu. Lassen Sie es zu, diese Lacher selbst zu empfangen.

Lacher müssen aufgenommen und gewürdigt werden!

Ich danke meinem Manager, meinem Agenten, meinen wundervollen Eltern und Schwiegereltern, der Oma, meinem Friseur ...

4.12 Spontanes Gefühl nach einer Pointe

Sobald Sie Ihre Pointe ausgesprochen haben, werden Sie eine spontane Reaktion auf Ihre eigenen Worte spüren und die Reaktion des Publikums wahrnehmen. Dieses Gefühl entsteht automatisch.

Wenn Sie das nächste Mal etwas erzählen, achten Sie bewusst auf das Gefühl, das sich einstellt, nachdem Ihre Worte verklungen sind. Das kann einfach eine Bestätigung sein im Sinne von *„Das war gut"*, oder es kommt Ihnen ein spontaner Einfall usw.

Nehmen Sie unmittelbares Feedback wahr. Oft bieten sich daraus Ideen, Dialogmöglichkeiten oder weitere Gags an.

Lassen Sie sich Raum für dieses „Nachgefühl", aber proben Sie es nicht. Gönnen Sie sich einen Moment der Pause, um dieses Gefühl wirken zu lassen. Es ist völlig in Ordnung, auch Schweigepausen in der Darbietung zu haben. Nutzen Sie die Lücke, die sich nach der Darbietung einer Pointe ergibt, um aus dem Nachgefühl heraus weitere Gedanken hinzuzufügen, die zur Situation passen. Dadurch wird die Darbietung wie eine wirkliche Konversation.

Dazu ein Beispiel von *Dieter Nuhr*:
> *Frauen musst Du einzeln erforschen. Und man will ja nicht immer gleich so persönlich sein. Die Menschen kennen ja heute eh keine Distanz mehr. Man schläft ein paar Mal miteinander und schon wird nach dem Vornamen gefragt. (Dann kommt lautes Lachen und Beifall vom Publikum und nach einer kurzen Pause die spontan wirkende Ergänzung:) Da haben wir wieder ein paar Ferkel eingeladen, die kennen das alles ...*

Dieter Nuhr reagiert gerne auf sein Publikum.

Ein weiteres Beispiel stammt von *Michael Mittermeier*, der auf der Bühne erzählt:
> *Mein Lieblingsfilm von Edgar Wallace: „Neues vom Hexer." Schon gesehen? (Dann kommt keine Reaktion vom Publikum und Mittermeier ergänzt:) Ohhh. Sag mal, wenn man einen Bayern konkret was fragt, dann sagt der erst mal nichts ...*

Durch die spontan hinzugefügten Kommentare ergibt sich in der Regel noch ein weiterer Lacher.

4.13   Spannungen abbauen, Spontanbemerkungen

Auf Ihre feine Wahrnehmungsfähigkeit kommt es auch an, um ungewollte Anspannungssituationen im Seminar oder beim Vortrag mit Humor zu entspannen. Dazu zwei Beispiele.

Beispiel – Störung:

Ich habe in einem Hotel ein Seminar geleitet. Wir waren gerade in der Vorstellungsphase, als es plötzlich an der Tür klopfte. Ich sagte spontan zu den Teilnehmern, um die Situation der ungewollten Störung zu entspannen: „Oh, da hat sich wohl ein Specht verflogen." Herein schaute natürlich eine Hotelangestellte.

Beispiel – Emotionen kochen hoch:

In einem Kommunikationsseminar erzählt ein Teilnehmer, wie sauer es ihn macht, wenn sich Besprechungen unnötig lange hinziehen. Im Gesicht sieht man ihm seinen Ärger richtig an. Ich sagte als Trainer: „Ich merke richtig, wie es in Ihnen kocht." Aus dem Feedback zur Situation ergab sich ein befreiendes Lachen beim Teilnehmer und in der Gruppe, die seinen steigenden Ärgerpegel auch bemerkt hatte.

Humor hilft, aus manchen Situationen die „Luft rauszulassen".

In den eben genannten Beispielen baut sich eine Spannung auf, und die Teilnehmer erwarten sozusagen, dass der Referent diese abzubauen hilft.

Indem Sie zu Situationen im Seminar oder im Vortrag Spontanbemerkungen kreieren, schaffen Sie sich weitere humorvolle Momente. Dabei muss der Text vielfach gar nicht besonders einfallsreich sein. Allein die Tatsache, dass Sie die „Wahrheit der Situation" reflektieren (*siehe Kapitel 3.6.2.3*), sorgt unter Umständen schon für Amüsement.

Beispiele für spontane Kommentare:
Eine Teilnehmerin eines Konfliktmanagementseminars fiel dadurch auf, dass sie in einem Übungsgespräch sehr wild mit den Händen gestikulierte und dabei „hackende" Handbewegungen nach unten machte.
Mein Kommentar: „Da braucht man nur noch eine Salami drunter zu legen, dann ist die fein gehäckselt."

In einer anderen Situation wurden Übungsgespräche auf Video angeschaut. In einer Sequenz saßen sich die beiden Gesprächspartner regungslos gegenüber.
Mein Kommentar: „Die braucht man nur noch auszustopfen."

Wenn Sie Ihre Präsentation darbieten, passiert häufig früher oder später irgendwas Unvorhergesehenes. Das Mikro streikt, Leute gehen raus usw. Statt sich darüber zu ärgern, nehmen Sie dies als willkommene Chance, daraus einen Lacher zu machen.

Humor hilft, die eigene Spannung zu lösen.

Betrachten Sie solche Ereignisse als Einleitungstext für eine Pointe und machen Sie aus dem Bauch heraus eine Bemerkung dazu. Das ist gar nicht so schwierig, weil fast jeder Text seine Wirkung tut.

Comedy-Writer *Gene Perret* berichtet von folgender Erfahrung:
Ich sollte zu einem Bankett eine Rede halten. Als ich ans Mikrophon trat, gab es immer wieder Tonstörungen und Rückkopplungen. Das Publikum lachte über das Missgeschick. Schließlich ging es doch und ich eröffnete mit den Worten: „Okay, wenn Sie ein Bankett um 18 Uhr halten, hat ein Typ wie ich keine Chance, einen Moment früher anzufangen."

Als Perret diesen Witz über diesen unangenehmen Vorfall machte, war dieser schnell vergessen. Stattdessen gab es die volle Aufmerksamkeit für die anstehende Rede.

Wenn Sie im Gegensatz dazu nicht die Spannung herausnehmen, sondern die Spannung bei Ihnen selbst anwächst, wird die Situation schnell verkrampfen. Für Ihre Teilnehmer und Sie selbst ist dies dann höchst unerfreulich.

4.14 Dialog mit dem Publikum und Publikumsbeteiligung

Es gibt verschiedene Ansätze, wie man den Dialog mit dem Publikum führt (*vgl. Kap. 3.6.2.14*). Um Ihre Teilnehmer aus der Reserve zu locken, braucht es von Ihrer Seite Engagement und Beharrlichkeit.

Am besten können Sie sich dies am Beispiel von Musikgruppen bei Straßenfesten verdeutlichen. Vor der Bühne steht ein Pulk von Menschen, die alle mehr oder weniger reserviert auf die Bühne schauen, sich mit ihrem Nachbarn unterhalten oder an ihrem Bier nippen.

Durch direkte Ansprache kann der Funke überspringen.

Gerade zu Beginn einer Veranstaltung ist der Funke noch nicht übergesprungen. Es gibt Bands, die schaffen es durch ihre direkte Ansprache sehr gut, das Publikum zum Mitmachen zu bewegen. Andere Bands spielen mehr oder weniger vom Publikum losgelöst ihre Nummern herunter.

Vielfach wird auch mit dem Begriff der Animation das beschrieben, worauf es ankommt. Nämlich einen noch zurückhaltenden und vorsichtigen Teilnehmerkreis mit sich in Kontakt zu bringen.

Im Folgenden möchte ich Ihnen einige Beispiele nennen, auf welche Weise dieser Kontakt zum Publikum herzustellen ist.

Beispiel *Otto Waalkes:*
> *Otto geht ins Publikum und spricht eine Person an. Sie soll das Lied „Bin ein Friesenjung" mit ihm zusammen mitsingen. Beim Refrain stoppt er den Gesang und guckt in der Weise irritiert, das jeder merkt, die Person, die den Titel singt, ist doch kein „Jung", sondern eine Frau.*

Jürgen von der Lippe weiß sein Publikum wirksam einzubeziehen.

Beispiel *Jürgen von der Lippe,* aus der Show „Männer, Frauen, Vegetarier":
> *Im Verlauf der Show sollen die Zuschauer das Wort „Piep" zum richtigen Zeitpunkt machen. Jürgen von der Lippe sagt: Als Ausdruck höchster Seligkeit kennt man bei Vögeln „Piep"*

(verzögert rufen ganz wenige Stimmen „Piep". Er rollt mit den Augen.) Erst mal ganz lieben Dank an die fünf (Lachen). Vielleicht können Sie jeder noch zwei andere überreden, mitzumachen. Dann wären wir schon 16. Wir machen es noch mal. Ich gebe Ihnen sicherheitshalber ein Zeichen.

Zeit für Antworten lassen

Wenn Sie den Zuschauern eine Frage oder eine Aufgabe stellen, lassen Sie Ihnen genug Zeit für eine Antwort. Überstürzen Sie nicht Ihre Beiträge. Denken Sie daran: Das Witzige passiert häufig zwischen den Beiträgen.

Und wenn dann gar nichts passiert, können Sie mit einem Spruch wie dem Folgenden versuchen, das Eis zu brechen.

„Ich höre Sie atmen."

Durch die Interaktion mit den Zuschauern werden Sie oft zu Ideen inspiriert, die Sie im Vorfeld bei der Vorbereitung nie hatten. Wenn Sie Publikumsreaktionen aufgreifen, kommen nach meiner Erfahrung vielfach die besten Einfälle für gute Pointen. So geschah es mir in einem Seminar:

Die Interaktion mit dem Publikum schafft neue Ideen.

In einem Übungsgespräch gibt sich der Seminarteilnehmer gegenüber einem Kunden sehr oberlehrerhaft, indem er sagt: „Es steht Ihnen natürlich frei, einen anderen Anbieter zu nehmen."
Um dem Seminarteilnehmer die Wirkung zu verdeutlichen, wiederholte ich die Aussage mit sehr übertriebenem Tonfall, was die Seminargruppe zum Lachen brachte.
Nach dem Lachen wiederholte ich noch mal die Worte, ergänzte aufgrund eines spontanen Einfalls die Worte „Danke, Massa!" und machte dazu eine demutsvolle Verbeugung.
Darauf folgte ein weiteres Lachen und mir fiel als nächste Pointe der Satz ein: „Gebt mir die Glasperlen!"

4.15   Wenn Gags floppen

Stellen Sie sich vor, Sie haben die schönsten Gags geschrieben, gehen damit erwartungsfroh in eine Veranstaltung, präsentieren die Gags und es kommt keine müde Mimikbewegung bei Ihren Teilnehmern. Das frustriert! Man glaubt, das wird nie etwas.

Da wirken die Worte von *Judy Carter* wie Balsam. Sie schreibt in ihrem Buch:

> *Akzeptieren Sie zu Beginn Ihrer Arbeit, dass Sie zu 50 Prozent Pleiten erleben werden. Jede Stunde ist eine Lehrstunde. Je mehr Comedy-Beiträge Sie machen, umso weniger werden diese zu Niederlagen. Eine Garantie, nicht wieder zu scheitern, gibt es nicht.*

Keine Reaktionen sind auch Rückmeldungen.

Wenn Ihr Beitrag keine Reaktion bekommt, betrachten Sie dies als eine Rückmeldung, dass Sie noch weiter an einer Idee feilen müssen. Vielleicht ist die Idee auch gut, bloß die Art Ihrer Präsentation ungeeignet. Machen Sie sich andererseits klar, dass Sie nicht jedem gefallen können. Ihr Material gefällt vielleicht nur einem ganz speziellen Publikum.

Judy Carter empfiehlt folgende Strategien, um mit Flops umzugehen:

Blenden Sie den Misserfolg aus oder sprechen Sie ihn an, ohne sich selbst zu bedauern.

Weitermachen: Stehen Sie weiterhin hinter Ihrer Darbietung und machen Sie wie geplant weiter. Dies erfordert die geistige Fähigkeit, den Misserfolg auszublenden und sich auf die gute Präsentation der nachfolgenden Worte zu konzentrieren.

Wenn es Ihnen nicht gelingt, geht es Ihnen vielleicht wie dem Radio- oder Fernsehsprecher, der bei einem Wort oder Satz ins Holpern kommt. In dem Moment, wo er sich gedanklich zu sehr damit befasst oder sich selbst dafür verurteilt, macht er erfahrungsgemäß noch ein paar Fehler hinterher.

Offen ansprechen: Gestehen Sie ein, dass Sie gerade einen Flop produziert haben. Wenn Sie und Ihre Teilnehmer gerade bemerken, dass der Flop passiert ist, sprechen Sie dies offen an. Indem Sie das aussprechen, was ohnehin jeder merkt, entspannen Sie die Situation. Unterbrechen Sie Ihre Darbietung und sagen Sie, was Ihnen durch den Kopf geht. Durch dieses Vorgehen entsteht meist allgemeine Heiterkeit.

Wie man erfolgreich durch heikle Situationen kommt, skizziert folgende Momentaufnahme von *Kaya Yanar*, der in seiner Sendung „Was guckst du?" über einen Gag stolperte und ihn anschließend geradezu beispielhaft lässig auffing:

Stets professionell, auch in heiklen Situationen: Kaya Yanar.

Übrigens, aufpassen. Wenn man zu oft mit dem Osterhasen in Berührung kommt, kriegt man eine Karnickel-Allergie.
(Totenstille. Er macht eine Pause und will dann fortfahren.)
Wir Türken ... (dann fängt er an zu lachen und sagt) Das macht überhaupt nichts, es gibt so Witze ... (dabei lacht das Publikum die ganze Zeit und gibt spontan Szenenapplaus für den ebenfalls lachenden Kaya Yanar).
Aber mal im Ernst. Hier ist ja kein Lachzwang. Immer nur da, wo man Bock hat. Nein jetzt mal im Ernst. Ich muss mal dazu etwas sagen. Sorry. Es gibt so Witze, die wir uns so ausdenken, so – äy, der (simuliert Zwiegespräch) – ich weiß nicht, ob der ankommt. Äy komm, probieren wir ihn mal aus. Geh man an die Front, Kaya.
Das war so einer, wo wir wussten, äy – der wird knapp!
Macht nichts. Macht Euch locker. Ich seid ein gutes Publikum.
(Allgemeines Lachen, dann fährt er fort.)

Weitere Tipps:
- ▶ Halten Sie sich ein paar Standardsprüche parat, für den Fall, dass Pointen misslingen. Harald Schmidt sagt gerne theatralisch *„Schmeiß weg!"*
- ▶ Leiden Sie still und nicht öffentlich vor Ihrem Publikum. Die Leute mögen nicht, wenn man sich selbst bejammert.
- ▶ Behalten Sie Ihre positive Ausstrahlung. Werden Sie nicht feindselig, nur weil Sie vielleicht glauben, es liege alles an den „blöden Teilnehmern".

Kreieren Sie Standardsprüche, die Sie ggf. bei Flops einsetzen können.

4.16 Die Erwartungshaltung des Publikums erfüllen – konsistent sein

Stellen Sie sich vor, Sie haben einige Male den Comedian Rüdiger Hoffmann erlebt. Als Sie nach einiger Zeit wieder eine Veranstaltung besuchen, tritt dieser plötzlich im Stil von Otto Waalkes auf.

Wahrscheinlich sind Sie irritiert, fühlen sich verraten und verkauft.

Dieses Beispiel zeigt, was einer Zielgruppe wichtig ist – nämlich die Konsistenz einer Person. Schon in der Art, wie Sie einem Publikum im Vorfeld einer Veranstaltung signalisieren, was es zu erwarten hat, setzt an dem Punkt an.

Inszenieren Sie sich als Marke und bleiben Sie dieser Marke dann treu.

Schauen Sie sich Ihre Vorankündigungen, Referenzstatements, Bilder, Homepage etc. an. Welche Erwartungshaltung hat man an Sie als Person?

Wenn ein Teilnehmerkreis Sie persönlich erlebt hat, gibt es noch genauere Vorstellungen über Ihren Stil, dem es treu zu bleiben gilt.

Machen Sie sich auch klar, dass der Beginn eines Seminars oder eines Vortrags ganz deutlich den Rahmen setzt, was das Publikum im Verlauf der restlichen Veranstaltung von Ihnen erwartet. Wenn Sie z.B. zu Beginn witzig und unterhaltsam erscheinen, aber die restlichen 95 Prozent der Veranstaltung herrlich dröge sind, dann ist Ihr Publikum enttäuscht.

Die Erwartungshaltung vom Publikum zu erfüllen ist mit der wichtigste Punkt, um deren Aufmerksamkeit und Loyalität zu erhalten. Missachtet man diese Erwartungshaltung, dann kann man sich bestenfalls nur noch einen „Sack über den Kopf werfen", um das Gesicht zu wahren.

Machen Sie sich deshalb anhand Ihres Comedy-Stils bewusst, was Ihre Zielgruppe vermutlich von Ihnen erwartet.

Was erwartet Ihr Publikum von Ihnen?

Im Zusammenhang mit Erwartungen ist es auch notwendig, dass Sie Ihrem Publikum genügend Informationen über sich bieten, damit es Ihre Jokes richtig einordnen kann.

Über den Comedian Kaya Yanar weiß man, dass er selbst türkischer Abstammung ist. Folglich kann er ohne Bedenken Witze über türkische Mitbürger in Deutschland machen, ohne dass er als Ausländerfeind verschrien ist.

Denn üblicherweise wird kein deutsches Publikum die Erwartung haben, dass ein deutscher Comedian solche Gags wie Kaya Yanar macht. Wenn ein Komiker dies missachten würde, hätte er seine Gunst wahrscheinlich schnell verspielt.

4.17 Resümee: Aus Präsentationen lernen und sich verbessern

Sie haben Ihren Vortrag oder Ihr Seminar absolviert. Jetzt geht es darum, selbstkritisch zu überprüfen, wie die Gags ankamen und wie Sie diese präsentiert haben. Ideal ist, wenn Sie von einer Veranstaltung eine Videoaufnahme haben. Schauen Sie sich einen Mitschnitt erst nach ein paar Tagen an. Dann haben Sie mehr Abstand zu den Eindrücken der Veranstaltung.

Analysieren Sie Ihre Präsentation erst mit ein paar Tagen Abstand.

Nach meinen Beobachtungen sind es häufig folgende Punkte, weshalb eine Darbietung von Comedians langweilig ist und Gags nicht zum Lachen animieren:

▶ Die Pointe ist nicht überraschend genug oder nicht witzig oder zu wenig quergedacht.
▶ Die Person ist mir unsympathisch.
▶ Die Performance wirkt flach und langweilig.
▶ Der Gag ist nicht klar genug präsentiert – er plätschert dahin, sodass man ihn nicht mitbekommt.
▶ Mimik, Tonfall und Körpersprache sind zu zaghaft. Der Gag lebt zu wenig. Die Pointe wird zu wenig übertrieben geschauspielert.
▶ Es gibt keinen Spannungsaufbau beim Erzählen, sodass man nicht neugierig wird.

Lassen Sie sich nicht zu stark von einer Einzelmeinung beeinflussen.

Judy Carter hat verschiedene Checkpunkte zusammengefasst, die helfen, eine Präsentation im Nachhinein zu reflektieren. Ihr wichtigster Tipp: Eliminieren Sie nicht gleich Ihre Gags komplett, nur weil einer gesagt hat, sie taugen nichts. Wichtig sind mehrere Stimmen und vor allem das Feedback von vertrauten Personen.

Sie nennt vier Gründe, weshalb Teile Ihrer Darbietung nicht so angekommen sind, wie Sie es vielleicht erwartet haben:

▶ Ihr Text und Ihre Pointen waren mäßig.
▶ Sie haben Ihre guten Jokes schlecht präsentiert.
▶ Ihr Publikum war nicht aufnahmebereit. Das kann an Rahmenbedingungen liegen wie hohe Raumtemperatur, Ermüdung durch Vorredner usw.
▶ Oder alle drei Punkte zusammen.

Bei der Reflexion der Darbietung geht Judy Carter von einem Mitschnitt aus. Wenn Ihnen so etwas nicht zur Verfügung steht, bleibt nichts anderes, als sich selbst zu reflektieren oder mit einem Coach zu arbeiten, der aufgrund seiner teilnehmenden Beobachtung Rückmeldung gibt.

Das eigene Material bewerten

Wenn Sie Ihren Mitschnitt von einer Darbietung anhören, schreiben Sie jede Stelle auf, an der das Publikum lacht. Schreiben Sie es exakt genau so auf, wie Sie es gesagt haben.

Analyse:
Wo lachte Ihr Publikum?
Wo lachte keiner?
Und warum?

Wenn Sie Ihr Band abhören, gibt es auch Stellen, wo keiner lacht. Gehen Sie nicht gleich davon aus, dass der Text nicht zu gebrauchen ist. Möglicherweise ist dieser bislang unwirksame Teil Ihres Beitrags reparabel. Es kann mitunter sehr lange dauern, bis man die richtigen Worte gefunden hat, um sein Material passend darzustellen.

Beantworten Sie sich diese Fragen:
▶ Was war Ihre emotionale Grundhaltung? War sie klar? War sie stark?
▶ Hatten Sie einen kurzen, verständlichen einleitenden Text für Ihre Pointe?
▶ Gab es einen scharfen Kontrast zwischen Einleitung und Pointe?
▶ Wenn Sie mit der „3er-Auflistung" *(vgl. S. 127)* arbeiten, stellt die dritte Aussage einen Kontrast zu den ersten beiden Aussagen her?
▶ Erzeugen Ihre Worte starke bildliche Vorstellungen?
▶ War das Material authentisch mit Ihrer Person?

Nutzen Sie folgende Ansatzpunkte, um die bisher schlechten Gags zu optimieren:
▶ Probieren Sie eine andere emotionale Grundhaltung aus.
▶ Verändern Sie den Einleitungstext zur Pointe in der Weise, dass Sie alle überflüssigen bzw. redundanten Worte eliminieren.
▶ Schreiben Sie jeden Einleitungstext so um, dass er informativ und plausibel ist.
▶ Können Sie bildhafte Vergleiche hinzufügen?

▶ Wenn Sie über jemanden sprechen, versuchen Sie diese Person in Körpersprache und Stimme nachzuahmen.

▶ Gibt es ein Thema, zu dem Sie im Sinne eines Running Gag einen Rückbezug herstellen können?

Die eigene Präsentation bewerten

Die Gags sind gut,
doch die Verpackung
ist dürftig.

Vielfach kommt gutes Material deshalb nicht zur Geltung, weil die Präsentation schwach ist. Damit verbunden ist häufig, dass man nicht ganz mit sich und dem Publikum in Verbindung stand.

Analysieren Sie Ihre Präsentation mit folgenden Fragen:

▶ Haben Sie sich Zeit genommen zu entspannen und sich auf sich selbst zu konzentrieren, bevor Sie mit Ihrem Auftritt begannen?

▶ Fühlten Sie sich mit dem Publikum verbunden?

▶ Nahmen Sie Kontakt mit einer einzelnen Person bzw. einzelnen Personen im Publikum auf, zu denen Sie sich besonders verbunden fühlten?

▶ Hatten Sie das Verlangen, die Gags zu erzählen?

▶ Nahmen Sie sich zu Beginn Zeit, bevor Sie lossprachen?

▶ Waren Sie bei Ihren Beiträgen ganz in der jeweiligen emotionalen Grundhaltung?

▶ Nahmen Sie sich Zeit, Ihre Jokes aufzubauen?

▶ Ließen Sie Raum zwischen den einzelnen Gags?

▶ Brachten Sie Ihr Material dem Publikum eher zwanghaft herüber oder sprachen Sie ganz locker und natürlich zum Publikum?

▶ Nahmen Sie Störungen auf, als das Publikum nicht mehr ganz bei Ihnen war, und sorgten Sie wieder für Aufmerksamkeit (z.B. indem Sie die Störung zum Thema machten) oder sprachen Sie einfach nur schneller?

▶ Würdigten Sie Lacher, indem Sie eine Pause im Erzählen machten und so dem Publikum die nötige Anerkennung gaben?

▶ Veränderte sich Ihre Präsentation bzw. der Kontakt zum Publikum ab einem bestimmten Punkt? Wann? Was geschah?

Zuschauer- oder Umgebungsbedingungen

Wenn Sie mit Ihren Gags ein Fiasko erleben und weder in Ihren Texten noch in Ihrer Präsentation Fehler festzustellen sind, könnte das Problem mit dem Publikum selbst zu tun haben oder mit der äußeren Situation.

Gehen Sie zur Reflexion folgende Fragen durch:

Wie aufnahmebereit war Ihr Publikum?

▶ In welcher Situation holten Sie Ihr Publikum ab? War es bereit für Gags?
▶ Was hat es vor Ihrer Veranstaltung erlebt?
▶ Aus welchem Grund könnten die Zuhörer zu Ihrem Material keinen Bezug gefunden haben?
▶ Waren die Zuhörer von irgendetwas abgelenkt?
▶ Gab es Störungen im Raum?

Zurück auf's Pferd

Die Wahrscheinlichkeit, dass die ersten Gags nicht wie erwartet ankommen, ist groß. Bleiben Sie am Ball und halten Sie es mit dem Motto eines Reiters. Zurück auf das Pferd, wenn Sie abgeworfen worden sind.

Es ist noch kein Meister vom Himmel gefallen.

Machen Sie weiter und gehen Sie mit der Einstellung daran: Es gibt kein Versagen – nur Feedback. Jedes Mal, wenn etwas nicht funktioniert, lernt man am meisten daraus.

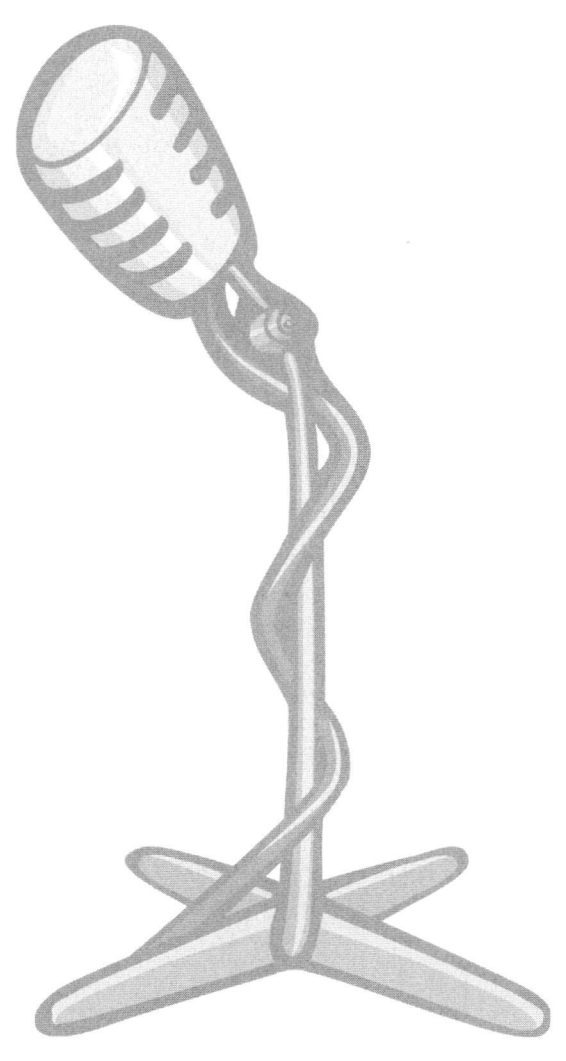

Kapitel 5

Charaktere für
Rollenspielsituationen kreieren

In Trainings rund um die Themen Führung, Verkauf, Verhalten am Telefon und Kommunikation besteht eine wesentliche Methode darin, im Rollenspiel Übungsgespräche zu führen. Wenn Sie als Trainer selbst in die Rolle des Gesprächspartners schlüpfen, haben Sie die Möglichkeit, nicht nur ein „guter Sparringspartner" zu sein, sondern auch durch geschickte Rollenkreierung Unterhaltungseffekte zu produzieren.

Die Ideen des Stand-Up Comedy nutze ich auch, um die Teilnehmer auf Rollenspiel-Gespräche mit Videofeedback einzustimmen. Erfahrungsgemäß gibt es immer Menschen im Seminar, die dieser Methode gegenüber skeptisch eingestellt sind oder mit starkem Lampenfieber reagieren. Deshalb führe ich in folgender Weise eine Regel für die spätere Auswertung ein.

Einstimmung auf das Rollenspiel mit Hilfe von Stand-Up.

Beispiel:

Mein Bitte an Sie. Wenn Sie nachher Feedback bekommen, hören Sie bitte zu und seien Sie offen für andere Blickwinkel. Es liegt einem oft auf der Zunge, sich zu rechtfertigen und zu sagen: „So bin ich nicht, im Alltag ist alles anders, das ist alles nicht echt, oder der Herr Koch hat die Rolle schlecht gespielt, oder mein Hund hat Durchfall."

Trotz dieser Worte lassen sich später Rechtfertigungen nicht vermeiden, der Gag lockert dennoch die „adrenalinträchtige" Atmosphäre auf.

5.1 Dosierte Menge Comedy im Training einsetzen

Im Unterschied zu Komödien oder Sketchen steht bei einer Rollen-spielsituation im Training nicht der Unterhaltungseffekt im Vordergrund. Denn das Hauptziel ist, den Alltag der Seminarteilnehmer möglichst realistisch zu simulieren und damit ein effektives Lernen zu ermöglichen. Es geht jedoch darum, durch dosiert eingesetzte Gags und Situationskomik für Spaß zu sorgen.

Highlights setzen, statt zu überfrachten.

Gerne setze ich dadurch ein Highlight, dass ich in ein oder zwei Rollenspielsituationen die normale Situation des Alltags überziehe und damit den Unterhaltungscharakter betone. Trotzdem bleiben natürlich die Lernziele im Blick.

Highlights dieser Art sind z.B. bei Telefontrainings:
► Ich mime stimmlich einen wortkargen „Sachsen", der sehr oft nur mit „Nu" antwortet.
► Ich stelle einen genervten Handwerker dar, der zwischen Tür und Angel telefoniert und plötzlich überraschend mit lauter Stimme ruft: *„Heiner, kannst Du mal die Tür zumachen."*

Viele Gags lassen sich durch die Anwendung der Regel „Den Spiegel vorhalten" (*vgl. 3.6.2.3*) produzieren. Lacher resultieren daraus, dass den Teilnehmern das normale Leben als Spiegel vor Augen gehalten wird.

Beispiel:
Telefonagentinnen in Hotlines leiden immer mal wieder darunter, dass männliche Anrufer anzüglich werden. Allein ganz überraschend einen Anmache-Spruch wie „Sie haben aber eine schöne Stimme – gehört dazu auch ein schöner Körper?" aus dem wahren Leben in die Rollenspielsituation einzubauen, reicht schon als Unterhaltungselement.

5.2 Den Alltag beobachten, der ins Training geholt werden soll

Um Charaktere für Rollenspielsituationen im Training zu entwickeln, ist es wichtig, sehr genau die Menschen und Situationen zu beobachten, die in das spätere Rollenspiel im Training einfließen sollen.

Dazu ein Beispiel: Nehmen wir an, Sie wollen in einem Führungstraining Mitarbeitergespräche im Rollenspiel üben. Das Thema der Gespräche ist, Mitarbeiter dazu zu bringen, Zielvereinbarungen in die Tat umzusetzen.

Die Ist-Analyse hat offenbart, dass die zu schulenden Führungskräfte vielfach konfliktscheu sind und Mitarbeiter nicht in die Pflicht nehmen, wenn diese die vereinbarten Ziele nicht umsetzen.

Sammeln Sie Rollenspiel-Ideen durch Beobachtung kleiner Ereignisse.

Daraus resultieren u.a. folgende Lernziele:
▶ Führungskräfte sprechen Mitarbeiter aktiv an, wenn sie merken, dass Ziele nicht wie vereinbart umgesetzt werden.
▶ Das Gespräch wird so geführt, dass der Mitarbeiter hinterher die Ziele umsetzt.
▶ Das Gespräch ist sowohl konsequent in der Sache als auch wertschätzend auf der Beziehungsebene.

Nun ist es abhängig vom Mitarbeitertyp, wie die Führungskraft kommunizieren muss, damit Zielvereinbarungen realisiert werden. Deshalb gilt es, die typischen Charaktere im Führungsalltag ausfindig zu machen und als Rolle zu beschreiben. Mit jedem Mitarbeiter-Charakter sind wiederum spezielle Lernziele verknüpft.

Beispiele für diese Rollen finden Sie im *Kapitel 6.4*.

Im Anschluss an die nachfolgende Übung erfahren Sie, auf welche Weise Sie unterhaltsame und lehrreiche Charaktere für Rollenspielsituationen entwickeln können.

Übung: Menschen im Alltag beobachten

Nutzen Sie normale Alltagssituationen wie beim Bäcker, beim Metzger, im Bus, im Büro oder beim Arzt und beobachten Sie bei Ihren Mitmenschen besondere Eigenheiten in Stimme, Sprache, Mimik, Gestik, Körperhaltung und Gang. Auch skurrile Verhaltensweisen und Marotten sind von Interesse. Ich habe zum Beispiel einmal folgende Beobachtung gemacht:

In einem Großraumbüro bohrt sich ein Mitarbeiter erst genüsslich in der Nase, dann popelt er so intensiv im Ohr, dass man glauben könnte, der Finger kommt auf der anderen Kopfseite wieder heraus, und schließlich gähnt er unflätig laut und mit nicht vorgehaltener Hand.

Angesichts dieser Beobachtung fiel mir noch eine Steigerung, sprich: Übertreibung, ein. Mir schoss als Bild durch den Kopf, wie sich diese Person mit einer Illustrierten den Gehörgang reinigt.

Sammeln Sie auch gleichzeitig alle kleinen Ereignisse, die vielleicht mal als Gag in einem Rollenspiel nutzbar sind. In einem Blumenmarkt wurde ich einmal Zeuge folgender Szene:

Eine Kundin ging auf die Verkäuferin zu und fragte: „Wo haben Sie denn die ‚einäugige Barbara'?" Die Verkäuferin war überrascht, bis sie begriff, dass die Kundin eine Blume suchte, die orangefarbene Blätter hat und in der Blüte pechschwarz ist. Diese Blume hieß jedoch nicht ‚einäugige Barbara', sondern ‚schwarzäugige Susanne'.

Notieren Sie außerdem, mit welchen Einstellungen diese Menschen im Alltag handeln. So bekommen Sie etliche Anregungen, was es für verschiedene Sichtweisen und Perspektiven gibt.

Sammeln Sie alle Ihre Beobachtungen in einer Ideenkartei, auf die Sie zurückgreifen können, wenn es darum geht, Charaktere zu „schmieden".

5.3 Die Merkmale eines Komik-Charakters

Damit ein bestimmter Charakter für Heiterkeit sorgt und dadurch zum Komik-Charakter wird, muss er bestimmte Eigenschaften erfüllen. Ein Meister im Entwickeln solcher Charaktere ist meiner Ansicht nach *Loriot*. Seine Filme „Ödipussi" und „Pappa ante portas" sind gute Beispiele dafür.

Lesen Sie dazu ein Beispiel aus dem Film „Ödipussi". Loriot spielt darin das „Muttersöhnchen" Herr Winkelmann. Der Film beginnt mit der Szene, wie Loriot als bereits ergrauter Herr Winkelmann an einer fein gedeckten Tafel sitzt und von seiner Mutter mit Speisen bedient wird:

„Sei ein lieber Junge und iss' noch ein bisschen. Du willst mich doch nicht traurig machen. Und halte Dich gerade."

„Ja, Mama."

„Du kannst doch heute abend hier essen. Es ist noch genug da. Schmeckt Dir die Putenbrust?"

„Wundervoll, Mama, ganz wundervoll."

„Wenn Du hier schlafen möchtest, Dein Kinderzimmer ist immer für Dich bereit. Ich mach' Dir das Püree noch mal warm."

„Ich komme zu spät."

„Erst wird gegessen." (Pause) *„Paul?"*

„Ja, Mama?"

„Warum hast Du Dir bloß diese Wohnung genommen? Andere Jungs wohnen doch auch zu Hause."

„Ja, Mama."

„Pussi?"

„Ja."

„Hast Du mir Deine Hemden mitgebracht?"

„Nein, Mama, das muss doch nun wirklich nicht sein!"

„Liebes Kind, ich wasche seit 50 Jahren Deine Hemden, weil ich will, dass Du ordentlich aussiehst. Die Haare könntest Du Dir auch wieder schneiden lassen."

„Ja, Mama."

„Die Kundschaft sieht doch so was. Du bist jetzt der Chef von Winkelmann & Sohn, wie Dein Vater und Dein Großvater ..."

Das Beispiel zeigt sehr prägnant, worauf es ankommt, um einen Komik-Charakter zu entwickeln. *John Vorhaus* nennt dafür vier grundlegende Bestandteile:

Die Bestandteile des
Komik-Charakters.

▶ Der Akteur im Konflikt
▶ Übertreibung
▶ Persönliche Fehler oder negative Eigenschaften
▶ Liebenswerte, positive Eigenschaften

Im Film „Ödipussi" besteht der *Hauptkonflikt* darin, dass sich Loriots Charakter von seiner fürsorglichen und zugleich resoluten Mutter abnabeln möchte, die ihn trotz seines fortgeschrittenen Alters immer noch wie einen Achtjährigen behandelt. Die *Übertreibung* besteht zum Beispiel darin, dass sich Herr Winkelmann als Loriots gestandener Komik-Charakter genauso verhält, wie ein übermäßig gehorsamer und braver Junge. Als *negative Eigenschaften* sind z.B. zu nennen, dass er ein bisschen trottelig ist und nicht wirklich Ladeninhaber-Qualitäten zeigt. Auf der anderen Seite *leidet man als Zuschauer mit ihm*, weil fast jeder in irgendeiner Form fürsorgliche Mütter erlebt hat, die nicht realisieren, dass ihre Kinder erwachsen sind.

Übung: Analysieren Sie Charaktere

Sie alle kennen aus Komödien und Comedy-Serien bestimmte Charaktere. Denken Sie z.B. an Charlie Brown oder die Simpsons. Analysieren Sie, was diese verschiedenen Charaktere so unterhaltsam macht – auch gerade im Zusammenspiel mit anderen Akteuren.

Im Folgenden werde ich Ihnen nun diese vier grundlegenden Gestaltungsprinzipien für einen Komik-Charakter näher beschreiben.

5.3.1 Der Akteur im Konflikt

Wenn Sie sich Filme anschauen – ganz gleich ob Liebesfilm, Science-Fiction, Thriller oder Drama – dann haben die darin befindlichen Charaktere stets mit Konflikten zu kämpfen. Dadurch entsteht ein Spannungsbogen, der die Geschichte interessant macht und, je nach Film-Genre, Situationskomik ermöglicht.

In dem Buch von *Christopher Keane „Schritt für Schritt zum erfolgreichen Drehbuch"* können Sie bei Bedarf sehr ausführlich nachlesen, wie im Allgemeinen solche Geschichten geschrieben und die Charaktere entwickelt werden.

Bei den Konflikten lassen sich drei Arten unterscheiden. Üblicherweise stehen diese drei Konflikttypen miteinander in Bezug. Meistens sind sie alle drei in einer Situation vorhanden.

Drei Konflikttypen.

Sie bilden die Grundlage für komische Situationen, sind aber für sich allein nicht witzig.

Konflikttyp 1 – Die Person im Konflikt mit ihrer Umwelt

Ihre Hauptperson steht im Konflikt mit anderen Menschen, Organisationen oder der ganzen Welt. Dabei kann die Hauptperson ganz normal sein und muss sich in einer irren Welt zurecht finden. Im umgekehrten Fall ist die Welt normal, aber die Person etwas außergewöhnlich.

Beispiele:
- Im Film „Zurück in die Zukunft" ist der Hauptdarsteller Marty McFly ganz normal und muss sich in einer „unnormalen Welt", nämlich der Vergangenheit, zurecht finden.
- Im Film „Tootsie" verwandelt sich ein Mann in eine Frau und wird damit zu einer außergewöhnlichen Person in einer normalen Welt.

Konflikttyp 2 – Zwei Personen im Konflikt

In diesem Fall gibt es zwei Charaktere, die aufeinander prallen. Im Animationsfilm „Shrek" sind die beiden Charaktere der einsiedlerische Shrek und die Plaudertasche, der Esel.

Als weiteres Beispiel sei die Comic-Serie „Die Simpsons" genannt. Die Familie Simpson, bestehend aus der Mutter Marge, dem Vater Homer, dem Baby Maggie und den Kindern Lisa und Bart, stellt ein Mix aus verschiedenen und widersprüchlichen Charakteren dar. Die kleine Lisa z.B. ist schlau, strebsam, und höflich. Dagegen ist ihr Bruder Bart das komplette Gegenteil. Er ist faul und macht gerne bösartige Streiche.

Konflikttyp 3 – Der innere Konflikt in der Person selbst

Beim dritten Konflikttyp liegt der Konflikt in der Person selbst. Dies ist z.B. beim Film „Der verrückte Professor" mit Eddy Murphy der Fall. Dabei wird der normale, rundliche Professor zu einem aufgedrehten Frauenheld.

Die einfachste Möglichkeit, einen inneren Konflikt zu gestalten, ist, wenn ein normaler Charakter eine komische Verwandlung durchmacht. Das kann man mit jedem Charakter machen, indem man ihn ins Gegenteil umwandelt.

Beispiele:
▶ Eine Hausfrau wird zum Nato-Commander.
▶ Ein Prinz wird zum Frosch.
▶ Ein Gnom wird zum Model.

Der Akteur im großen und in vielen kleinen Konflikten

Viele kleine Konflikte als Spiegelbild des großen Konfliktes.

Nachdem Sie sich über die grundsätzlichen Konflikte im Klaren sind, geht es nun darum, diesen Grundkonflikt mit vielen kleinen Konflikten anzureichern. Dabei sind die kleinen Konflikte das Spiegelbild des großen Konfliktes. Das heißt, hinter all diesen kleinen Konflikten steht das eine große Thema.

Die Anwendung dieser Technik drückt sich z.B. so aus: Wenn Ihr Hauptdarsteller einen absoluten Pechtag hat, lassen Sie keine einzige Gelegenheit aus, diesen Pechtag auch in kleinen Ereignissen zu unterstreichen. Wenn der Mann seinen Job, seine Frau, seinen besten Freund, sein Auto, sein Haus und seine wertvolle Briefmarkensammlung verloren hat – und das alles an einem Tag – dann macht es Sinn, ihn zuletzt auch noch in einen Haufen Hundekot treten zu lassen.

Wie sich der absolute Pechtag in viele kleine Ereignisse aufteilt.

Der folgende Sketch von Loriot veranschaulicht dieses Prinzip. Der große Konflikt besteht darin, dass ein pedantischer Beamter Ordnung in einem Zimmer herstellen will. Es handelt sich um den erwähnten Konflikttyp 1. Die vielen kleinen Konflikte resultieren daraus, dass jedesmal, wenn er versucht, etwas in Ordnung zu bringen, noch mehr in Unordnung gerät.

Beispiel von *Loriot*:

Loriot kommt als Beamter ins Zimmer und muss noch auf die gnädigen Herrschaften warten. Sein Blick fällt auf ein schiefes Bild an der Wand. Er steht auf und will es gerade hängen. Dabei fällt das Bild daneben aus dem Rahmen.

Als er das Sofa beiseite schieben will, hinter das das Bild gefallen ist, rammt er den Beistelltisch um. Vor Schreck geht er einen Schritt nach hinten und der nächste Tisch fällt samt Lampe und Standbildern um.

Schließlich bleibt er mit einem Fuß im Läufer hängen, und bei dem Versuch sich zu befreien, stolpert er über den Couchtisch. Schließlich fällt das Regal mit zwölf hübschen Tellern von der Wand, die zu Bruch gehen.

Das ganze Desaster endet damit, dass schließlich immer mehr Katastrophen passieren, bis das Zimmer einem einzigen Schlachtfeld gleicht.

Als schließlich Evelyn Hamann in der Rolle des Zimmermädchens zur Tür herein kommt und sagt „Die gnädige Frau kommt gleich", antwortet Loriot irritiert „Das Bild hängt schief", ohne auf das angerichtete Chaos einzugehen.

Übung: Kleine Konflikte finden

Ziel dieser Übung ist es, kleine Konflikte im Rahmen des großen Konfliktes zu finden.

Eine Frau trifft in einer Bar einen Mann. Ihr großer Konflikt ist: Sie will mit ihm zusammenkommen, und er will die Financial Times lesen.

Listen Sie verschiedene kleine Konflikte auf, die den Hauptkonflikt in dieser Szene unterstreichen.

Übung: Eine eigene Szene entwickeln

Erfinden Sie eine eigene Szene. Stellen Sie sich als Fragen:
▶ Um welche Situation bzw. um welches Thema geht es?
▶ Welche Art Konflikt würde für diese entsprechende Situation Spaß machen?
▶ Was gibt es für passende „kleine Konflikte"?

Um die Situation, das Thema und die Konflikte zu beschreiben, nehmen Sie kurze, einzeilige Sätze. So wird Ihnen schnell klar, worum es geht. Einfachheit ist Trumpf.

5.3.2   Übertreibung

Übertreibung ist die entscheidende Technik, um aus der Realität witzige und unterhaltsame Situationen ableiten zu können (*siehe auch Kapitel 3.6.2.6*). Bei der Übertreibung werden Tatsachen verzerrt, Situationen aus absurden Blickwinkeln betrachtet oder im Vergleich zum Alltag völlig unmögliche Vorstellungsbilder erzeugt. Der Phantasie sind hier im Prinzip keine Grenzen gesetzt.

*Lassen Sie es ruhig „krachen".
Der Übertreibung sind keine Grenzen gesetzt.*

Zur Verdeutlichung ein weiteres Beispiel von *Loriot*, der dieses Mittel hervorragend beherrscht:

Loriot kommt als biederer älterer Herr in ein Lokal und bestellt das Tagesgericht. Es gibt Roulade. Er stellt fest, dass das Fleisch noch mit Bindfaden umwickelt ist. Erst beginnt er mit Messer und Gabel zu hantieren, dann nimmt er die Hände hinzu und versucht mit verkniffener Miene, den Bindfaden nach oben abzuziehen. Er wickelt immer mehr Faden ab. Mit zunehmender Zeit sind seine Hände umwickelt, bis er sich schließlich mit dem ganzen Körper in den Fäden verheddert hat.
Die Szene endet mit der Bildeinstellung, wie Loriot aus dem Lokal heraus kommt und von Kopf bis Fuß wie eine „menschliche Fleischroulade" mit Bindfaden umwickelt ist. Hinter sich zieht er eine dicke Fadenschleppe her. Die kleine Fleischroulade pendelt dynamisch um ihn herum.

Die Realität in diesem Sketch ist, dass Rouladen mit einem Faden umwickelt sind und man häufig damit kämpft, diesen abzuwickeln. Durch die Technik der Übertreibung wird aus einem üblichen 30-Zentimeter-Bindfaden ein 30-Meter-Bindfaden und aus der normalen Aktion, eine Roulade vom Bindfaden zu befreien, das beschriebene Desaster.

Der Telefon-Comedian *Bodo Bach* aus Hessen arbeitet gleichermaßen mit dieser Technik, wenn er als Anrufer ahnungslose Mitmenschen aufs Korn nimmt. In dem folgenden Telefonausschnitt aus der SAT1-Serie *„Bei Anruf Lachen"* ruft er bei einer Fluggesellschaft an, weil er mit einem falschen Koffer nach Hause gekommen ist:

„Ich bin mit meiner Familie in der Türkei gewesen. Und jetzt sind wir wieder heim gekommen und haben wohl den falschen Koffer erwischt."

„Ach, haben Sie da eine Gepäckabschnittsnummer für mich?"

„Nee, hören Sie mal, dass ist ein ganz normaler blauer Leder-

koffer. Meine Frau, die dusselige Kuh, hat den gegriffen und jetzt habe ich das Ding zu Hause uffgebroche und der ist voller Armbanduhren und Männerkleider. Die passen mir aber gar nit."

„Wo sind Sie denn gelandet?"

„Wir sind in Frankfurt gelandet. Und ich nehm' an, dass das ein Koffer ist, wo so 'nem Bäcker gehört, hier weil ... – hat sich da vielleicht ein Bäcker gemeldet bei Ihnen?"

„Nee, also bei uns ist überhaupt nichts offen."

„Da waren vier Beutel Mehl drin in dem Koffer, so

Bodo Bach – Comedian und Vieltelefonierer

durchsichtige Beutel – aber mit dem Mehl, da ist was nicht in Ordnung. Wir haben einen Streuselkuchen draus gebacken und der macht schwindelig."

„Oh."

„Ich sag' Ihnen jetzt mal was. Mein Nachbar der Schorsch, der ist nicht blöd. Der hat gesagt, Bodo – das ist gar kein Mehl. Der meint, dass das vielleicht Rauschgift ist."

„Da würde ich Ihnen vorschlagen, da fahren Sie nach Frankfurt zum Flughafen." ...

An diesem Beispiel möchte ich Ihnen nun das Vorgehen verdeutlichen, um von einer „normalen" zu einer „Comedy-Situation" zu gelangen. Dabei ist zu berücksichtigen, dass Sie eher selten auf diese „technokratische Weise" zu guten Ideen gelangen werden. Denken Sie an die Gesetze des kreativen Arbeitens im *Kapitel 3.5.* Die Abfolge soll Ihnen einfach nur die verschiedenen Elemente verdeutlichen.

Schritt 1: Was ist die „normale" Situation, Einstellung, Reaktion?

Die „normale Situation" ist, dass nach einem Flug schon mal versehentlich der falsche Koffer gegriffen wird. Normal ist auch, dass es Rauschgiftschmuggler gibt, die versuchen, im Koffer Drogen in ein Land einzuführen. Aus Reportagen oder Krimis kennt man

normalerweise Drogenfunde als kleine, durchsichtige Pakete mit
weißem Pulver.

Schritt 2: Wie lässt sich die normale Situation, Einstellung, Reaktion von der üblichen Erfahrungswelt möglichst weit entfernen,
d.h. übertreiben? Was für andere Blickwinkel lassen sich finden?

Es wird ganz selten, wenn überhaupt, der Fall sein, dass man einen Koffer vertauscht und dann auch noch darin Rauschgift findet. Wenn man dann noch einen neugierigen und naiven Menschen hat, der in den Koffer schaut und bei dem weißen Rauschgiftpulver an Mehl und Bäcker denkt und dreisterweise mit diesem
fremden Eigentum einen Kuchen backt, distanziert sich die Situation immer mehr von der Realität.

Schritt 3: Wie sieht das Verhalten in der übertriebenen Realität
konkret aus? Welches Bild zeichnet sich ab?

Der Mann sieht das weiße Pulver im Koffer, denkt, das ist Mehl
und backt daraus einen Streuselkuchen. Was könnte passieren,
wenn jemand mit Drogen einen Kuchen backt und diesen dann
isst? Normalerweise ist er wahrscheinlich krankenhausreif. Eine
verzerrte, in dem Fall völlig untertriebene Realität ist sicherlich,
wenn ihm davon nur „schwindelig" wird.

Nach Beobachtung von John Vorhaus scheitern viele Komik-Charaktere daran, dass sie viel zu wenig Übertreibung beinhalten. Wir
denken zu sehr in Kategorien: Was ist logisch und was ist üblich?
Wenn Sie also versuchen, einem Komik-Charakter den richtigen
Schliff mit einer gehörigen Portion Übertreibung zu geben, dann
seien Sie nicht zu zaghaft.

*Unterwerfen Sie Ihren
Komik-Charakter nicht den
Gesetzen der Logik.*

5.3.3 Persönliche Fehler oder negative Eigenschaften

Ein Komik-Charakter muss Ecken und Kanten haben.

Die Witzigkeit eines Komik-Charakters hängt auch davon ab, was er für negative Eigenschaften oder Merkmale hat. Solche negativen Eigenschaften oder persönlichen Schwächen können z.B. absoluter Egoismus oder Snobismus sein.

Dabei ist es natürlich stets eine Frage der Betrachtung, was negativ oder positiv zu werten ist. Was der eine negativ findet, z.B. Schamgefühl, mag ein anderer als tugendhafte Eigenschaft werten. Im Prinzip geht es aber um Eigenschaften, die die Umwelt eher verurteilt oder über die sie sich lustig macht.

Negative Eigenschaften schaffen eine emotionale Distanz zum Charakter.

Solche negativen Eigenschaften schaffen eine emotionale Distanz zwischen dem Charakter und den Zuhörern bzw. Zuschauern. Diese emotionale Distanz sorgt dafür, dass der Betrachter über die Person lachen kann und sich nicht zu sehr mit ihr identifiziert. Von diesem Effekt lebt Al Bundy aus der TV-Sitcom „Eine schrecklich nette Familie": Er ist schlampig, sexistisch und selbstverliebt. Er hat stinkende Füße und sehr schmierige Haare. Die Fernsehzuschauer können stets sagen: *„So wie der Typ bin ich auf keinen Fall."*

In dem Film „Ein Fisch namens Wanda" hat ein Schauspieler den Charakter des Stotterers. Manche Leute empfinden dies als Komikeigenschaft, für andere ist es beleidigend und daher wenig witzig.

Denken Sie deshalb immer an die Erwartungen Ihrer Zielgruppe, wenn Sie Ihrem Komik-Charakter bestimmte Eigenschaften zuweisen. Sie müssen immer im Kopf behalten, was Ihre Zielgruppe akzeptiert bzw. toleriert oder gar nicht gut findet.

Ebenso kann es auch ein körperliches Attribut sein, was man als Eigenschaft hinzufügt, wie Schuhgröße, Brille etc.

Ein Komik-Charakter ist im Endeffekt die Summe all seiner (negativen) Eigenschaften. Eine solche Eigenschaft kann auch einen positiven Aspekt beinhalten, der aber sehr weit hergeholt sein sollte. Damit ist gemeint, dass man selbst solche eher positiven Eigenschaften wie Freundlichkeit und Liebe in negative Eigenschaften umwandeln kann, wenn man sie im Sinne der Übertreibung verändert und auf diese Weise abnormal macht. Denken Sie an Charlie Brown von den „Peanuts". Er hat ein ungeheures Vertrauen in seine Mitmenschen und fällt dadurch immer wieder auf die Nase.

Um einen Komik-Charakter zu entwickeln, listen Sie negative Eigenschaften bzw. Schwächen auf oder übertreiben Sie positive Eigenschaften, so dass sie sich ins Negative verkehren. Finden Sie dann ein Substantiv, das Ihren Charakter beschreibt. Beispiele:

Ideen für negative Eigenschaften entwickeln.

Negative Eigenschaften
sehr redselig sein
sparsam, jeden Groschen umdrehen
unsicher
...

Komik-Charakter
Plaudertasche
Geizhals
Nervenbündel
...

Interessant und unterhaltsam wird es für Zuschauer insbesondere dann, wenn man eine Eigenschaft wie z.B. ein starkes Schamgefühl einem Stripper oder gar einem Vorstandsvorsitzenden zuordnen würde. Also Personengruppen, bei denen man so etwas überhaupt nicht vermuten würde.

5.3.4 Liebenswerte, positive Eigenschaften

Die negativen Eigenschaften werden dafür gebraucht, um Abstand zwischen dem Charakter und den Zuschauern zu bekommen. Nur so ist es möglich, über eine Person zu lachen. Auf der anderen Seite muss man den Charakter auch irgendwie mögen. Er muss sowohl Sympathie als auch Empathie erzeugen.

Vielschichtigkeit: Erzeugen Sie neben der Distanz auch emotionale Verbundenheit.

In dem Moment, wo Sie sich auf der einen Seite mit dem Charakter einer Geschichte identifizieren und auf der anderen Seite den Eindruck haben, der Charakter ist auch ein bisschen so wie du und ich, fühlen Sie sich emotional mit dieser Person verbunden.

Dies lässt sich an der Figur von Hannibal Lecter aus dem Film „Das Schweigen der Lämmer" verdeutlichen. Seine besondere Einstellung ist: Menschen sind Nahrung. Er hat z.B. solche negativen Eigenschaften wie Arroganz, psychotisches Verhalten, keine Moral und überschäumende Bösartigkeit.

Damit er zum Komik-Charakter werden kann, braucht er auch eine Portion Menschlichkeit, um eine Balance zu den Negativeigenschaften herzustellen. Seine positiven Eigenschaften beinhalten z.B. Intelligenz, weltmännisches Auftreten, gute Manieren, Loyalität gegenüber Freunden.

Auch wenn wir uns von seinen Negativeigenschaften angewidert fühlen, so bringen uns diese menschlichen Eigenschaften auch wieder näher dahin, ihn zu mögen.

Genauso ist es mit körperlichen negativen Eigenschaften. Für jede negative Eigenschaft muss es ein gleichartiges positives Gegengewicht geben. Je schlechter Sie einige Aspekte des Komik-Charakters darstellen, um so stärker müssen andere Aspekte als Waage dagegen stehen.

Positive Eigenschaften sind z.B. Loyalität, Ehrlichkeit, Großzügigkeit, Humor, Neugier, Verletzlichkeit usw.

5.4 Künstlernamen und Accessoires

Ein wichtiges Vorgehen beim Rollenspiel ist das so genannte „Rolling und De-Rolling". Damit ist gemeint, einen Teilnehmer sauber in eine Rolle einzuführen und die Rolle auch wieder aufzulösen.

Um eine Rolle deutlich zu machen, bieten sich ebenfalls humoristische Möglichkeiten an. Arbeiten Sie mit Künstlernamen (z.B. „Herr Pflegeleicht") oder phantasiereichen Firmennamen wie „Wichtig & Co". Machen Sie die Rolle dadurch deutlich, dass sich der Rollenspieler ein Namensschild mit seinem Künstlernamen an die Brust heftet.

Wichtig & Co.

Verwenden Sie wie Stand-Up Comedians minimales Accessoire (z.B. ein Handy, einen Schal, eine große Brille oder eine Mütze). Suchen Sie skurrile Materialien und Kleidungsstücke aus, die zur Rolle und dem Charakter passen.

Beim Accessoire ist weniger mehr.

Der Unterhaltswert kommt z.B. allein dadurch zustande, dass Sie keine normale Brille nehmen, sondern eine überdimensional große, wie sie zu Karnevalszeiten zu kaufen ist. Solch eine Brille würde z.B. zu einem Mitarbeiter aus der Buchhaltung passen, der vom vielen Zahlenlesen am Bildschirm schon nicht mehr richtig gucken kann. Geben Sie diesem Buchhalter noch den Namen „Rüdiger Maulwurf", und die Rolle ist perfekt. Genauso gut, könnten Sie Herrn Maulwurf eine übertrieben kleine Brille aufsetzen, deren Gläser aber dafür drei Zentimeter dick sind.

Welches Accessoire Sie auswählen, hat etwas mit den Veranstaltungsbedingungen zu tun. In einem großen Raum mit vielen Zuschauern braucht es vorne auf der Bühne Accessoires, die auch auf dem hintersten Sitzplatz noch erkennbar sind.

An dem Beispiel „Rüdiger Maulwurf" können Sie sich erneut verdeutlichen, wie schmal der Grad zwischen seriösem Rollenspiel und Comedy ist. Halten Sie sich vor Augen, dass das Hauptziel darin besteht, Kommunikationsfähigkeiten zu vermitteln. Die richtige Dosis zu finden, hängt auch hier – wie beim Comedy-Writing – von Ihrer Zielgruppe und Ihrem Stil ab.

Damit die Comedy-Einlagen die Teilnehmer nicht verschrecken oder gar auf Ablehnung stoßen, finde ich es wichtig, in der Anmoderation zu Übungsgesprächen folgende Informationen zu vermitteln:

Seien Sie gespannt. Betrachten Sie mich bitte als Ihren freundlichen Sparringspartner. Ich werde alles geben, um Sie zu fordern. Ich werde versuchen, Ihren Alltag so realistisch wie möglich abzubilden. Auf der anderen Seite werde ich bestimmte Punkte überziehen und pointieren. Gehen Sie flexibel damit um. Haben Sie Spaß dabei. Und machen Sie – egal was kommt – weiter.

Geben Sie dem Rollenspiel einen Namen.

Um den Rollenspielrahmen klar zu machen, ist es auch hilfreich, eine Szene oder ein Stück mit einem Titel zu benennen. Auch darin liegt die Chance, Unterhaltung zu produzieren, z.B. indem Sie eine Szene in Anlehnung an Goethes Klassiker mit dem Titel „Die Leiden des jungen W. im Büro seines Chefs" versehen und diese Zeilen auf ein Flip-Chart Papier schreiben.

Lassen Sie Ihre Teilnehmer Zeit zum warmspielen.

Für das „Rolling" ist weiterhin wichtig,

▶ dass die Teilnehmer Zeit haben, sich in die Rolle einzudenken, sich evtl. auch warm zu spielen und

▶ dass es eine Bühne bzw. einen bestimmten Ort / Raum gibt, wo die Rolle läuft, und einen anderen Ort, wo die Reflexion erfolgt und die Person wieder sie selbst ist.

Durch die eben genannten Möglichkeiten ist auch das „De-Rolling", also die Verwandlung aus der Rolle zurück in die Realität, einfacher. Indem die Namensschilder und Utensilien abgelegt werden, die Personen von der Bühne gehen und Applaus für ihre Darbietung bekommen, wird klar, dass jetzt die Rolle beendet ist.

Die Rolle ist vorbei.

In Fällen, wo die Rollenspieler noch gedanklich sehr in ihrer Rolle hängen, ist es wichtig mit Worten deutlich zu machen: „Die Rolle ist vorbei."

Einzelheiten über den richtigen Einsatz der Rollenspielmethode lesen Sie zum Beispiel in dem Buch von *Roger Schaller* mit dem Titel *„Das große Rollenspiel-Buch".*

5.5 Vorgehen: Den eigenen Komik-Charakter entwickeln

Um einen eigenen Komik-Charakter zu entwickeln, gilt es, die beschriebenen Prinzipien flexibel anzuwenden. Die einzelnen Checkpunkte und Leitfragen habe ich Ihnen in einer Tabelle (siehe folgende Seiten) als Vordruck zusammengefasst. Sie brauchen die Punkte nur abzuarbeiten.

Gleichzeitig wird für jeden Punkt überlegt, inwiefern durch Übertreibung oder mittels eines Gags ein Unterhaltungswert für die Rolle geschaffen werden kann.

Malen Sie sich bei der Entwicklung der Rolle genau aus, wie das entsprechende Verhalten zu den bestimmten Sichtweisen ist. Seien Sie dabei so spezifisch wie möglich, um ein Bild zu bekommen, wie sich die Person in bestimmten Situationen verhält.

Machen Sie sich darüber hinaus klar, welche Mimik, Gestik, Stimme, Körperbewegung, Kleidung, Redewendungen oder Ausrufe typisch für diese Person sein sollen (Beispiel: Die „Boris-Becker-Sieger-Geste", bei der er einen angewinkelten Arm mit Siegesfreude gen Himmel reißt).

Eine Methode, um Ideen für die Rolle zu bekommen, ist folgende: Versetzen Sie sich in Ihren Charakter hinein. Reden Sie aus dieser Rolle. Sprechen Sie alles, was Ihnen einfällt, auf Band – ohne zu denken und ohne Pause. Nach etwa fünf Minuten haben Sie viel Material.

Versetzen Sie sich in Ihren Charakter hinein.

Wie bei allen kreativen Prozessen kann man die beschriebene Chronologie nicht nacheinander stringent abarbeiten, sondern springt zwischen den Themen, hat hier und da eine Idee, bis schließlich die Rolle steht.

Als Beispiel lesen Sie dazu eine Rollenbeschreibung für ein Verkaufstraining. Nutzen Sie die Systematik des Beispiels und kreieren Sie anschließend einen eigenen Komik-Charakter.

Beispiel einer Rollenbeschreibung für ein Verkaufstraining

Checkpunkte und Leitfragen	Ideen
1. Thema des Gesprächs ▶ Worum geht es? ▶ Was ist die Situation aus dem Alltag?	Verkäufer im Außendienst besucht Kunden
2. Lernziele / Situation ▶ Mit welcher Situation soll sich der Trainingsteilnehmer auseinandersetzen? ▶ Was soll er dadurch lernen?	Verkäufer geht ohne Terminvereinbarung in eine Firma, um einem geeigneten Ansprechpartner das eigene Angebot darzustellen („Kaltakquise"). Die Situation ist, dass der Verkäufer einen kooperativen Pförtner an der Zentrale vorfindet, der ihm einen Ansprechpartner nach vorne in den Warteraum ruft.
3. Zur Person des Kunden ▶ Name (unterhaltsam!) ▶ Tätigkeit ▶ Dauer der Anstellung ▶ biographische Daten	Stefan Schwafel Instandsetzung Vor kurzem die Stelle übernommen Kommt aus Dresden
4. Stimme, Sprache, Mimik, Gestik, Körperhaltung, typische Redewendungen ▶ Wie tritt die Person auf? ▶ Was sind Lieblingsformulierungen? ▶ Woran erkennt man sie schon von weitem?	Herr Schwafel ist locker, flockig, sehr gesprächig. Er hat einen sächsischen Dialekt Duzt: „Was macht ihr denn?"
5. Rahmenbedingungen / Accessoires (Mit Übertreibung arbeiten!) ▶ In welcher Umgebung findet die Situation statt? ▶ Welche Accessoires passen zur Rolle und unterstreichen sie?	Personen sitzen in einem kleinen Warteraum neben der Zentrale. Der Raum ist sehr eng, sodass man sich fast „auf dem Schoß sitzt". D.h., die Stühle stehen sehr dicht nebeneinander. Die Raumwände werden mit Pinwänden markiert. Der Verkäufer hat zwei Koffer dabei sowie Prospektmaterial. Die Rollenspieler tragen jeweils ein Namensschild.

Axel Koch: Infotainment in Seminar und Präsentation

Beispiel einer Rollenbeschreibung für ein Verkaufstraining

Checkpunkte und Leitfragen	Ideen
6. Vorgeschichte zum Gespräch ▷ Was ist passiert, bevor es zu der Szene kommt?	Der Verkäufer hat zufällig die Firma bei seiner Fahrt gesehen und glaubt, dass hier Interesse für sein Angebot besteht. Deshalb geht er hinein und versucht, einen spontanen Gesprächstermin zu bekommen.
7. Die Konflikte ▷ Worin besteht der Hauptkonflikt? ▷ Welche weiteren Konflikte leiten sich daraus ab?	Stefan Schwafel macht seinem Namen alle Ehre und redet über alles Mögliche. Es fällt dem Verkäufer schwer, auf das Thema des Besuchs zu kommen. Es ist der erste Kontakt zu der Person. Da der Besuch nicht erwartet wurde, besteht die Sorge, als Störenfried zu gelten. Der Konflikt für den Verkäufer ist, den Mitarbeiter der Firma nicht zu lange von der Arbeit abzuhalten.
8. Standpunkt / Einstellung der Person (Mit Übertreibung arbeiten!) ▷ Wie denkt und fühlt die Person in der Situation? ▷ Welche Einstellungen hat sie zum Leben? ▷ Was sind wichtige Leitsätze? ▷ Was liebt, was hasst sie, wovor fürchtet sie sich, worauf ist sie stolz?	Herr Schwafel findet es schön, dass mal jemand vorbeikommt und er mal aus seinem „Kabuff" herauskommt. Es ist für ihn eine nette Abwechslung.
9. Negative Eigenschaften / Aussagen und Verhaltensweisen im Gespräch (Mit Übertreibung arbeiten!) ▷ Welche negativen bis hin zu exzentrischen Eigenschaften könnte die Person haben und wie könnten sich diese äußern?	Herr Schwafel redet freimütig über Gott und die Welt, kommt von einem Thema zum anderen und ist bisweilen für die kurze Zeit des Kennens distanzlos, z.B. bei der Frage an den Verkäufer: „Ich bin ja noch neu in der Gegend und skate sehr gerne. Sie kommen ja viel rum. Kennen Sie da eine gute Strecke?"
10. Positive Eigenschaften / Aussagen und Verhaltensweisen im Gespräch (Mit Übertreibung arbeiten!) ▷ Welche positiven und sympathischen Eigenschaften könnte die Person haben, und wie könnten sich diese äußern?	Herr Schwafel lässt sich auf das Sachthema ein, sofern er den Eindruck hat, der Verkäufer lässt sich auf ihn ein. Er hört dann auch zu.

5.6 Einsatz im Training

Nachdem Sie nun auf die eben beschriebene Weise Ihre Charaktere entwickelt haben, kommt die Anwendung im Training. Wenn Sie selbst die Rolle des „Komik-Charakters" übernehmen, spielt ein Seminarteilnehmer den „normalen Charakter".

Beispiele:
▶ Der Komik-Charakter ist der Kunde, der „normale Charakter" ist der Verkäufer oder die Mitarbeiterin der Hotline.
▶ Der Komik-Charakter ist der Mitarbeiter, der „normale Charakter" ist dessen Vorgesetzter.

Die Informationen zum Komik-Charakter können unterschiedlich tief ausfallen.

Die Beispiele zeigen auch, dass zwei grundsätzliche Situationen zu unterscheiden sind. Zum einen gibt es Fälle, da weiß man über den „Komik-Charakter" kaum etwas, zum anderen gibt es Fälle, da kennt man ihn und dessen Eigenarten sehr genau. So weiß ein Vorgesetzter über seinen Mitarbeiter üblicherweise sehr genau Bescheid, während für die Hotline-Mitarbeiterin ein Kunde ziemlich unbekannt ist, wenn er sich mit Namen meldet.

Je nach Situation bekommt der Trainingsteilnehmer als „normaler Charakter" nun mehr oder weniger Informationen über den Komik-Charakter, um sich auf die anstehende Rollenspielsituation einzustellen.

Die Regel dabei ist: Stellen Sie als Unterlage die Informationen bereit, die jemand auch im Alltag zur Verfügung hätte.

Wenn in dieser Weise die Einführung in die Rolle erfolgt ist und auch, wie im *Kapitel 5.4* beschrieben, Namensschilder und Accessoires verteilt sind, beginnt das Rollenspiel.

Tipps für den Rollenspiel-Rahmen:

Ich achte dabei auf folgenden Rahmen:
▶ Es werden zunächst alle Übungsgespräche mit Tonband bzw. Videokamera aufgenommen.
▶ Bei Videoaufnahmen sind nur die beteiligten Rollenspieler (z.B. Kunde, Mitarbeiter) und der Kameramann zugegen.
▶ Videoaufnahmen umfassen Gesprächssequenzen von ca. fünf Minuten. Danach wird die Szene abgebrochen.

▶ Bei Tonbandaufnahmen von Übungstelefonaten hängt es von den technischen Möglichkeiten ab, ob die Teilnehmer mithören oder nicht. Ideal ist, wenn Trainer und Seminarteilnehmer räumlich voneinander getrennt telefonieren. Der Trainer sitzt im Beisein der anderen Teilnehmer im Seminarraum. Der Übende ist in einem separaten Raum.

▶ Telefon-Rollenspiele dauern maximal drei Minuten. Der Trainer steuert in seiner Rolle, dass das Gespräch in diesem Zeitrahmen zu einem Ende kommt.

▶ Nach Abschluss des Rollenspiels gibt es Applaus.

▶ Außerdem gibt es Applaus für den Akteur, nachdem die Videoaufnahme in der Gruppe das erste Mal angesehen wurde.

Durch diesen Rahmen können sich erfahrungsgemäß Seminarteilnehmer besser auf die Rolle einlassen. Außerdem unterbleiben Übungseffekte. Jeder Teilnehmer hat im Prinzip die gleiche Ausgangsbasis, weil er in der Regel nicht weiß, was die anderen erlebt haben. Durch den Applaus wird Wertschätzung ausgedrückt.

Für die spätere Auswertung ist es nützlich, dass die Rollenspiel-Charaktere noch ihre „Künstlernamen" als Namensschild angesteckt behalten, um ein Feedback in der Weise zu erhalten: *„Herr Meyer hat in seiner Rolle als Gustav ..."*

Auf diese Weise wird die Trennung zwischen Rollenspiel und Realität verdeutlicht.

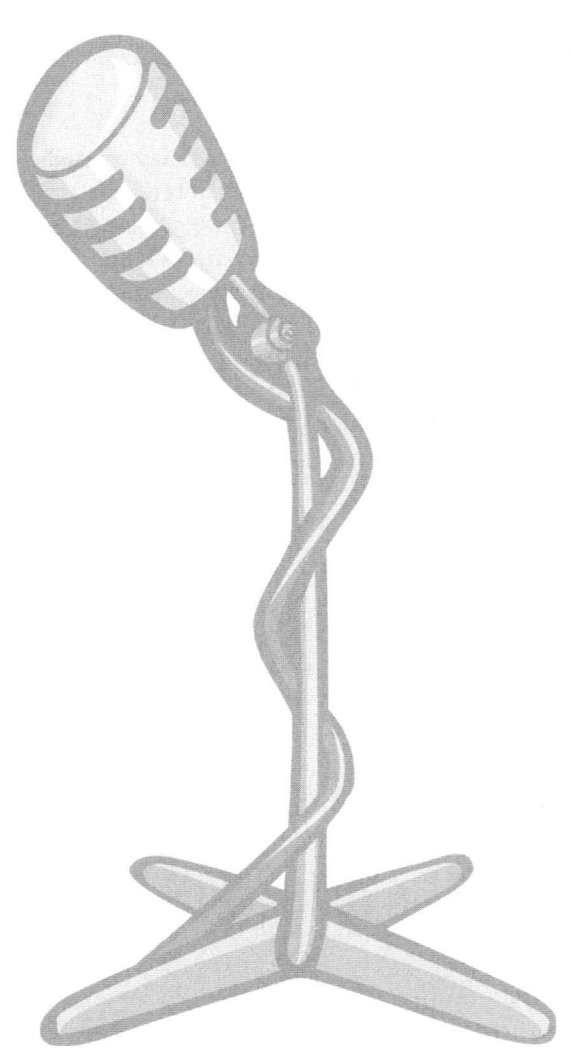

Kapitel 6

Bewährte Anwendungsbeispiele

In den folgenden Beispielen aus meiner Arbeit wird Ihnen bewusst werden, wie individuell Comedy ist. Ich glaube, dass Sie die wenigsten Ideen direkt übernehmen können, weil sie nicht mit Ihrer Biographie oder Ihren Erfahrungen verbunden sind.

Im Gegensatz zur Unterhaltungs-Comedy kommt es beim Infotainment darauf an, Gags und unterhaltende Elemente lediglich zwischendurch zur Auflockerung einzubauen. Einsatzmöglichkeiten gibt es viele: Bei der Vorstellung, zum Einstieg nach Pausen, zur Anmoderation von Übungen oder zur Vermittlung von Fach- und Sachwissen, bei Verkaufspräsentationen, Präsentationen bei Mitarbeiter-Meetings, Belegschaftsversammlungen usw.

Die vielfältigen Einsatzmöglichkeiten von Comedy-Elementen.

Ich persönlich finde es wichtig, die Techniken der Stand-Up Comedy im Rahmen von Infotainment im Business- und Weiterbildungsbereich in dosierter Weise anzuwenden.

Nur so ist es Ihnen möglich, im Rahmen von geschäftlichen Präsentationen, Vorträgen oder Seminaren die erforderlichen Informationen zu vermitteln und dabei die Ernsthaftigkeit zu bewahren, die Ihre Zuhörer von Ihnen erwarten. Andernfalls würden sie nämlich in eine abendliche Stand-Up Comedy-Veranstaltung gehen.

6.1   Meine Eröffnung

Im Folgenden möchte ich Ihnen skizzieren, wie ich vor dem Hintergrund meiner Person (*siehe Kapitel 3.2 und 3.6.6*) zu einer Eröffnung für Seminare bzw. Vorträge gekommen bin. Diese Einleitung ist das Grundgerüst, das ich, je nach Zielgruppe, variiere. Der

Text hat sich über einen längeren Zeitraum entwickelt. Dabei habe ich auch einen Gag von einem Comedy-Künstler übernommen, der gut in mein Konzept passte.

Anfangs bedeutete es eine echte Überwindung, die Eröffnung so zu gestalten. Ich hatte Sorge, dass ich damit nicht ankomme – doch das Feedback der Teilnehmer ermutigte mich.

Beispiel für meine Eröffnung:

Guten Tag, ich begrüße Sie herzlich zu dem Seminar. Ich werde mich zunächst selbst näher vorstellen, die Ziele des Tages nennen, möchte Sie etwas kennen lernen, Ihre Erwartungen erfahren und stelle dann auch das Programm vor.

Mein Name ist Axel Koch. Ist leicht zu merken. Koch, wie der aus der Küche mit der Mütze (Kochmütze herausholen und aufsetzen).

Mein Name ist übrigens Programm. Ich koche selbst auch leidenschaftlich gern. Meine Frau backt dafür um so lieber. Das schlägt leicht auf die Hüften.

Wissen Sie übrigens, woran ich merke, dass ich Übergewicht habe? Wenn ich nach dem Essen den obersten Knopf der Hose aufmachen will und der ist schon auf.

Mit Essen hat auch mein Wohnort zu tun. Genauer gesagt hat es etwas mit dem Teil des Körpers zu tun, in den das Essen irgendwann wandert: Ich wohne nämlich in (besonders betonen) Darmstadt.

Ursprünglich wollten wir da gar nicht hinziehen, weil meine Frau ein sehr visueller Typ ist. Bei dem Wort „Darm" hat sie nämlich immer einen riesigen Dickdarm vor Augen (mit Stimme und Gesten das Wort „riesig" verdeutlichen).

Ich bin seit über neun Jahren als Trainer tätig. Die Themen drehen sich um Führung, Telefon, Kommunikation, Verkauf, Stress und Burnout.

Von mir gibt es auch mehrere Bücher. Einmal zum Thema „Telefonieren" (Exemplar hochhalten), zum anderen zum Thema „Stress und Burnout" (Exemplar hochhalten). Das dritte wird Sie auch wahnsinnig interessieren. Es heißt: „Richtig mit Patienten reden" (Hinweis darauf nur bei Zielgruppen, die nicht aus dem Krankenhausbereich kommen).

Die meisten fragen sich jetzt, was hat er denn gelernt? Ich bin Diplom-Psychologe. Viele denken dann sofort an eine Couch. Und deshalb habe ich eine mitgebracht (kleine Miniatur-Couch aus Holz zücken).

Außerdem bin ich gerade mit einer Promotion zum Thema „Stressabbau im Call-Center" beschäftigt. Wenn ich demnächst den Titel habe, kann ich auch Werbung für Orangensaft machen: Dann heiße ich nämlich Dr. Koch.

Mittlerweile weiß ich, dass zum Beispiel die „Kochmütze" und die „Mini-Couch" die Highlights sind. So kam zum Beispiel einmal ein Auftraggeber nach einem Seminar auf mich zu und fragte: *„Wo sind denn die Mütze und die Couch?"*

Highlights schaffen.

Highlights wie
Kochmütze und Couch

Durch die zunehmende Bestätigung hat sich bei mir auch die Lockerheit entwickelt, die Gags in Ruhe und pointiert zu präsentieren.

Anfangs habe ich mir manche Pointe dadurch kaputt gemacht, dass ich im Kopf hatte: *„Bloß schnell durch, falls es keinem gefällt"*. Allerdings zünden gerade aufgrund solch einer Haltung die Gags nicht.

Reaktionen fallen unterschiedlich aus.

An dieser Eröffnung mache ich mir immer bewusst, wie unterschiedlich ein und derselbe Comedy-Monolog bei verschiedenen Gruppen ankommt. Im Rahmen einer Vertriebstagung führte ich einmal an zwei Tagen zehn einstündige Workshops durch. In jedem Workshop waren andere Teilnehmer, die mich nicht kannten. Zu Beginn stellte ich mich in einer Kurzfassung vor, wobei ich den Fokus auf die „Kochmütze" und die „Couch" legte.

Unter diesen zehn Gruppen gab es eine, bei denen mich die Teilnehmer angesichts der Gags anschauten wie ausgestopfte Adler. In den anderen Gruppen gab es jedoch Heiterkeit. Die einen Teilnehmer schmunzelten und wieder andere lachten laut.

Mut zum „Eisbrechen".

Meine Erfahrung ist auch, dass einander fremde Teilnehmer gerade zu Beginn einer Veranstaltung naturgemäß noch etwas „unterkühlt" sind, da sie nicht wissen, was auf sie zukommt. In der Anfangsphase eines Seminars mutet es dann auch für den einen oder anderen wundersam an, wenn sich der Seminarleiter eine Kochmütze aufsetzt. So lange noch nicht in der Gruppe geklärt ist, ob man jetzt lachen darf, halten viele erstmal die Gesichtsmimik gerade.

Später, wenn die Atmosphäre locker geworden ist, bzw. zum Ende eines Seminars wird deutlich, dass mein Seminareinstieg gut angekommen ist, auch wenn anfangs nicht immer die „dicken" Lacher erschallen.

Wenn ich dann ein Seminar à la Otto Waalkes mit den Worten schließe:

> *Wenn es Ihnen gefallen hat, mein Name ist Axel Koch (dabei Kochmütze auf), wenn nicht, Heiner Lauterbach.*

lachen die Teilnehmer erfahrungsgemäß immer, wenn ich meine Kochmütze als Running Gag aufsetze.

Axel Koch: Infotainment in Seminar und Präsentation

Im Folgenden will ich Ihnen fragmentarisch verschiedene erste Formulierungen für diese Eröffnung darstellen, die aber bei Probeläufen **nicht** durch die „Qualitätskontrolle" gekommen sind.

Damit Sie ein Gefühl bekommen:
Was funktioniert –
und was nicht?

Beispiele für die Anfänge:

Ich begrüße Sie herzlich zu diesem Tag. Sicher möchten Sie zu Beginn gerne wissen, wer Sie heute durch den Tag begleitet. Deswegen stelle ich mich erst einmal vor.
Was möchten Sie wissen?
Vielleicht, dass ich gebürtiger Hannoveraner bin. Sagen Sie jetzt nicht: „Ach, vom Pferd stammt der ab. Der will uns heute was wiehern!"

Oder:

Ich bin gebürtiger Hannoveraner, aber keine Angst, ich fange nicht an zu wiehern.

Der Witz kam in beiden Varianten nicht an, weil „Hannoveraner" als Pferderasse nicht jedem bekannt sind und damit der Witz nicht für jeden verständlich ist. Ich formulierte ihn dann um:

Geboren bin ich in Hannover. Manche kennen Hannoveraner als Pferderasse. Die denken dann immer: Ach so, der will uns eins wiehern.

Oder möchten Sie gerne wissen, dass ich seit über zwölf Jahren in Osnabrück lebe, dieser Weltstadt im westlichsten Zipfel von Niedersachsen? (Anm.: mittlerweile lebe ich in Darmstadt) Osnabrück, die Stadt, wo der Westfälische Frieden geschlossen wurde und es seitdem so friedlich ist, dass noch vor wenigen Jahren nicht mal ein Intercity dort halten wollte. Mittlerweile hält einer: Man muss nur die Schienen blockieren.

Oder vielleicht auch, dass ich Diplom-Psychologe bin, manche sagen auch Seelenklempner dazu. Das sind die Leute, denen man den „Röntgenblick ins Gehirn" nachsagt oder die man an der Äußerung erkennt: „Das-macht-mich-ein-stückweit-betroffen." Ich habe meine tragbare Couch mitgebracht (kleine Holzcouch zeigen).

Oder:

Über Psychologen gibt es fiese Gerüchte: Wo ist denn die Therapie? Muss ich mich mit einer Wolldecke auf den Boden legen? Manche glauben sogar, wir hätten stets eine Couch dabei – für alle Fälle. ...Stimmt! (Couch zücken)

Manche glauben ja, dass Sie nach dem Seminar auf diese Couch draufpassen. Das ist nicht mein Ansatz.

Was ich aber vorhersagen kann, ist, dass es heute ein sehr lernintensives Seminar mit vielen Tipps und Anregungen für Sie gibt. Die Erfahrung zeigt, dass dann viele auf dem Zahnfleisch herauskriechen werden. Vom letzten Seminar ist das hier zurückgeblieben. (Zahnprothese zücken)

Abschließend noch mein Name: Axel Koch – Koch, wie der aus der Küche, mit der großen weißen Mütze. Sie wissen schon.

Kochen ist auch das richtige Stichwort. Sie dürfen gespannt sein, welches Süppchen ich heute für Sie zusammengebraut habe. Interessante Rezepte warten, wie Sie professionell telefonieren, ohne Anrufer über den Löffel zu barbieren.

Eine andere Form der Eröffnung wählte ich für ein Seminar zum Thema „Präsentation". Ich erinnerte mich an eine Show von Otto Waalkes, der vor Beginn seiner Show auf der Bühne ein Laufband mit witzigen Texten zur Unterhaltung seiner Zuschauer auf eine Leinwand projizierte. Bei diesem Gedanken kam ich darauf, eine Kurzpräsentation mit dem Titel *„Der Trainer, das unbekannte Wesen"* zu entwickeln.

Als Ergebnis kam folgende Präsentation von Power-Point-Folien heraus, die ich mit dem flotten Disco-Titel „Feels so good" von Phats & Small untermalte:

Axel Koch: Infotainment in Seminar und Präsentation

Präsentation: Trainer, das unbekannte Wesen

Der Trainer – das unbekannte Wesen!?

Bilder, die nichts verhehlen

Abitur-Arbeit im Leistungskurs Chemie ...

... die Knallgasprobe hat nicht funktioniert.

Nach der 8. Sparerib ...

... war mir doch irgendwie knodderig.

Beim Zelten ewig Luftmatratze aufblasen ...

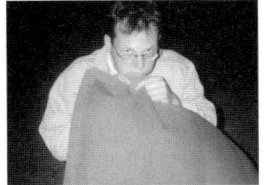

... der 2. Verschluss war offen.

Nicht abgeneigt gegen einen guten Wein ...

... man muss nur wissen, wann Schluss ist.

In meinem früheren Leben war ich ein ...

... zum Glück wurde ich frei geküsst.

Zuletzt noch ein Blick auf die Plomben ...

... und das Seminar geht los.

Ursprünglich hatte ich für die Präsentation eine höhere Anzahl von Bildern vorgesehen. Doch dank der guten Qualitätskontrolle meiner Frau hatte ich etliche Bilder doch wieder herausgenommen. Sie wären nämlich zu privat gewesen, wie das Feedback der Teilnehmer nach meiner Premiere vermuten ließ. Deren Meinung war, dass mir der Spagat zwischen „zu privat und gerade richtig" gut gelungen ist.

Zu privat –
oder gerade richtig?

Bei der anonymen Befragung der Teilnehmer ergaben sich folgende Rückmeldungen:

▶ „Gut, weil offen und sehr persönlich."
▶ „Ich fand die Präsentation mit Musik sehr ansprechend und lustig."
▶ „Positiv überrascht. Was war das? War etwas anderes, nicht immer die strikte Vorstellung. Fazit: Hat mir gut gefallen."
▶ „Sehr mutig, weil sehr persönlich. Zu persönlich? Lustig."
▶ „Die Präsentation war witzig und in gewisser Weise informativ. Die Informationen waren allerdings „nur" einige Highlights aus Ihrem Leben und haben über Sie nichts tiefer verraten."
▶ „Gut. Offene Erklärung von sich aus. Note 1."
▶ „Die Idee fand ich sehr gut. Einige Bilder waren für meinen Geschmack zu privat. Mein Trainer ist mein Trainer. Nicht der Kumpel, um ein Bier zu kippen."
▶ „Fand ich sehr gut, weil es etwas anderes war. Sonstige Vorstellungen zur Person sind immer gleich."

6.2 Ausschnitt eines Vortrags zum Thema „Burnout-Prophylaxe"

Ein Spezialthema von mir ist „Burnout". Dazu habe ich ein Buch verfasst. Unter dem Titel „Power auf Dauer" verfasste ich zudem einen 90-minütigen Vortrag. Sie werden sich vorstellen können, dass ich den Vortrag mit Hilfe von Comedy-Elementen so griffig wie möglich gestaltete.

Ich nehme an, dass es manchem Nutzer dieses Buches weiterhilft, einen umfangreichen Ausschnitt aus dem Original-Vortragsskript zu lesen, um auf diese Weise mal „am lebenden Objekt" zu erfahren, wie man als Trainer Infotainment betreiben kann.

Interesse an einem Vortragsskript?

Da die Thematik an diesem Punkt recht speziell wird, ist sie nicht automatisch für jeden nützlich. Vorenthalten möchte ich es dem Leser jedoch nicht. Daher biete ich allen Interessierten die Gelegenheit, das etwa 24 Seiten umfassende Skript unter folgender Adresse kostenlos herunterzuladen:

Für Fans: Auszug des Vortrags „Power auf Dauer"

Na, wenn das kein Service ist: Unter dieser URL können Sie sich weitere 24 Seiten Infotainment kostenlos abholen.

▶ **www.managerseminare.de/pdf/power.pdf**

Das Skript stellt Ihnen einen Weg vor, wie Sie Ihre Trainingsleistung mit Hilfe von Comedy-Elementen wirkungsvoll vermarkten können, außerdem erhalten Sie Auszüge aus den ersten 30 Minuten des Vortrags. Zur Illustration sind einige Fotos und die entsprechenden Power-Point-Folien ebenfalls veröffentlicht. Bedenken Sie bitte dabei, dass darin eine ca. zweijährige Entwicklungszeit steckt. Es sind immer wieder neue Ideen eingeflossen bzw. floppende Gags eliminiert worden.

6.3 Der Griff in die Trickkiste für verschiedene Gelegenheiten

Im Folgenden habe ich Ihnen einige Geschichten und Gags zusammengestellt, die ich gerne nutze. Ich habe dabei die Erfahrung gemacht, dass es wichtig ist, die Grundideen der Gags stets situativ anzupassen. Das bedeutet, dass ich Gags nicht immer an derselben Stelle nutze, sondern sich ihr Einsatz daraus ergibt, dass von den Teilnehmern bestimmte Stichworte fallen.

Zu folgenden Stichworten möchte ich Ihnen Anregungen geben:

- ▶ Biorhythmus
- ▶ Koosh-Ball
- ▶ Lampenfieber
- ▶ Lerntransfer
- ▶ Mittagspause
- ▶ Kundenorientiertes Telefonieren
- ▶ Telefonmarketing
- ▶ Veränderungen / Change Management

Biorhythmus

Ich begrüße Sie jetzt nach der Mittagspause zum zweiten Teil des Seminars. Das ist bekanntlich die Zeit, wo die meisten vom Biorhythmus niedergestreckt werden. (mit Ironie) Aber gegen so etwas sind wir Trainer natürlich immun.

Koosh-Ball

Wir werden gleich eine Wiederholung zum gestrigen Seminartag machen. Ich habe Ihnen hier einen netten Ball mitgebracht. Er heißt Koosh-Ball. (Teilnehmer gucken oft interessiert, weil es ein sehr bunter Ball mit vielen abstehenden Gummifransen ist). Ich werfe Ihnen den Ball zu, und Sie erzählen einen Gedanken, den Sie am gestrigen Tag erfahren haben.

Wenn der erste Teilnehmer den Ball in die Hände bekommen hat und sich angesichts des „komischen Gefühls" äußert, kommt die Äußerung: *„Fühlt sich komisch an? Stimmt. Der Ball kommt übrigens aus Asien. Früher haben die mit Igeln geworfen."* (Anm.: Der Ball sieht aus wie ein bunter Igel.)

Lampenfieber

Im Rhetorik-Seminar gibt es immer wieder das Thema „Lampenfieber", das die Teilnehmer bewegt. Aufgrund der Tatsache, dass viele vielleicht denken, einem Trainer geht das nicht so, erzähle ich von meinen eigenen Erfahrungen, die nach dem Stand-Up Comedy-Format und den Regeln aus dem *Kapitel 3.6.2* aufbereitet sind:

Als ich das erste Mal vor neun Jahren als Trainer aufgetreten bin, hatte ich auch ganz viel Lampenfieber. Es war ein Seminar zum Thema Stressabbau für Krankenschwestern. 30 Leute in einem ganz kleinen Raum (mit Gestik übertrieben klein zeigen). Ich stand da wie ein Spargel (Körperhaltung, Arme herunterhängend und eng angelegt) mit hochroter Birne (Gestik am Kopf, als wenn eine Lampe angeht!). Als ich dann fertig war, brauchte ich zwei Stunden, um die Färbung wieder los zu werden.

Ich habe nun schon so viele tausend Teilnehmer geschult, aber vor jedem neuen Seminar mit einer neuen Gruppe bin ich auch wieder aufgeregt. Wenn Sie kein Lampenfieber mehr haben, dann sind Sie tot!

Da viele Teilnehmer am Beginn ihrer Rhetorik-Karriere darüber klagen, dass sie nicht so gern vor Publikum gehen und vor einer Gruppe unsicher sind, gibt es bekanntlich den Tipp, sich im Publikum eine Person auszusuchen, die einen freundlich anschaut. So einen Menschen gibt es immer, der einem gleich zu Beginn gewogen ist. Einen Fan sozusagen, der den Redner motiviert.

Dann berichte ich davon, wie mir der Tipp selbst sehr geholfen hat:

Ich war früher als Dozent für Psychologie in einer Krankengymnastik-Schule tätig. Krankengymnasten müssen unheimlich viel fachlich lernen. Da sind die extrem begeistert (mit

übertriebenem Sarkasmus in der Stimme), wenn ihnen dann auch noch ein Psychologe (lang gezogen gesprochen) etwas zum Thema „Kommunikation" beibringen will.

Ich erinnere mich an einen Nachmittags-Unterricht, bei dem die ganze Klasse, 25 Leute, (ironisch gesprochen) schwer motiviert war. Doch es gab eine Schülerin, die lauschte ganz gebannt meinen Worten und schaute mich aufmerksam und freundlich an (Dazu Geste, als wenn jemand ganz große Augen vor Interesse und Bewunderung macht). Ich habe mir dann gesagt, dann erzähle ich halt der alles.

Später habe ich festgestellt, warum sie mich so nett und aufmerksam angeschaut hat. Sie hat mich nicht richtig verstanden. Sie konnte schlecht Deutsch. Aber sie hat mich an diesem Nachmittag gerettet.

Leistungsanreiz

Um Menschen zu motivieren, mehr Leistung zu erbringen, werden gerne so genannte Incentives (Belohnungsanreize) eingesetzt. Dabei ist wichtig zu beachten, dass Menschen ganz unterschiedlich sind. Für den einen ist ein tolles Incentive eine Reise, für den anderen ein Kinobesuch, und andere Leute freuen sich einen Wolf, wenn sie einen Satz Tupperware geschenkt bekommen.

Lerntransfer

Kommen wir nun zum Punkt „Lerntransfer". Es geht um die Frage, wie Sie Ihre Lernvorsätze in die Praxis umsetzen. Ich hatte mir übrigens für heute auch etwas vorgenommen. Ich sag's Ihnen gleich, wenn es mir wieder einfällt.

Untersuchungen zeigen, dass Sie innerhalb einer Woche bereits die Hälfte von dem, was Sie heute gelernt haben, vergessen haben werden. Und nach einem Monat geht die Erinnerung fast gegen Null. Wenn Sie dann jemand auf das Training anspricht, werden Sie fragen: Welches Training?

 222

Um diesem Effekt vorzubeugen, gibt es verschiedene Strategien. Im Mittelalter war dies einfach, wenn man da nach einer Fechtstunde vergessen hat, wie man einen Säbelstich ausführen muss, war man tot.

Heutzutage sind die Methoden ausgefeilter. Sie schreiben sich z.B. Ihren Vorsatz überall hin, so dass Sie stets daran erinnert werden: Ob als Klebenotiz am PC, auf einen Zettel im Portemonnaie oder – besonders einprägsam – auf Ihre Kontaktlinse.

Erarbeiten Sie bitte jetzt mit Ihrem Nachbar, was Sie innerhalb des nächsten Monats umsetzen wollen. Wichtig ist auch zu bestimmen, wer Ihnen eine Rückmeldung gibt, ob es gelungen ist. Das kann ein Kollege, Ihr Vorgesetzter oder Ihr Vorgartenzwerg sein.

Mittagspause

Bevor wir gleich zum Essen gehen, noch eine Warnung. Erfahrungsgemäß gibt es hier im Hotel große Portionen. Marke „Dumbo". Passen Sie auf, dass es Ihnen nicht so geht, wie der Frau, von der ich kürzlich gehört habe.

Sie war in China zu Gast und bekam als Mahlzeit einen großen Berg (mit den Händen einen Hügel zeigen) gerösteter Nüsse. „Oh Gott", dachte sie wohlerzogen (mit gequälter Stimme + Mimik) „die muss ich alle aufessen."

Irgendwann war sie bei der letzten Nuss angelangt und dachte (mit leidiger Miene und zittriger Hand wird eine imaginäre Nuss zum Mund geführt): „Die eine noch!" Und dann „Bumm" (mit Händen eine Explosion zeigen).

Die Gastgeber waren übrigens überrascht. In China gilt es nämlich als Zeichen der Höflichkeit, nicht alles aufzuessen.

Kundenorientiertes Telefonieren

Die folgende Geschichte ist wahr und verdeutlicht Seminarteilnehmern unterhaltsam, was „kundenorientiertes Telefonieren" nicht ist.

Ich habe mal eine Pflegedienstleitung im Krankenhaus angerufen. Das ist die oberste Leitungskraft der Pflegekräfte. Nachdem ich die Durchwahl gewählt hatte, meldete sich eine Stimme. Ich fragte: „Kann ich mal die Pflegedienstleitung sprechen?"
(mit gelangweilter, monotoner Stimme) „Nein, die ist nicht da."
„Wann ist sie denn wieder da?"
(mit gelangweilter, monotoner Stimme) „Weiß ich nicht."
„Können Sie ihr etwas ausrichten?"
(mit gelangweilter, monotoner Stimme) „Nein (Pause) – ich treffe sie nicht. Ich bin hier nur die Putzfrau."
(Pause, dann Kommentar von mir) Stellt sich nur noch die Frage: „Wenn die Putzfrau an's Telefon geht – wer operiert da?"

Ursprünglich hat das wahre Leben die Pointe geliefert, indem die Putzfrau an das Telefon der Pflegedienstleitung gegangen ist. Irgendwann im Rahmen eines Seminars kam mir der spontane Einfall, wie sich auf diese Pointe noch eine weitere draufsetzen lässt.

Im Grunde war die Frage „Wer operiert da?" nur eine logische Folgerung des Erlebten. Denn wenn die Putzfrau an das Telefon geht, was nicht deren Aufgabe ist, dann könnte in dem Haus alles möglich sein ...

Telefonmarketing

Telefonmarketing ist immer mehr verbreitet. Sie kennen das vielleicht selbst. Nachmittags um vier klingelt das Telefon. Der fliegende Teppichhändler ist dran (in türkisch-gebrochener Stimme): „Gute Tag, Wir biete guute Teppich. Sie wolle eine kaufen?"

Vielleicht kennen Sie auch aggressives Telefonmarketing. Selbst wenn sie „Nein" sagen, werden sie weiter in Grund und Boden geredet, bis sie so (Gestik!) klein mit Hut sind. (Ins Publikum

kleinen Menschen gefragt) „Wie groß sind Sie?" (Sagt Körpergröße) „1,60 Meter." „Aha, Sie haben also auch schon solche Anrufe gehabt."

Ausflüchte können Sie da ganz vergessen. Wenn Sie zu denen nämlich sagen (mit zaghafter Stimme:) „Mmmm, das kann ich jetzt nicht entscheiden." Dann kommt: „Müssen Sie auch Ihre Frau fragen, wenn Sie auf's Klo gehen?"

Telefonmarketing ist ein hartes Geschäft. Jeder Telefonverkäufer ruft 100 Leute an und kassiert 99 Mal ein „Nein". Statistisch bewiesen. Aber manchmal gibt's die richtig guten Tage (mit viel Freude in der Stimme). Freude, Juchheißa, Glanz und Gloria. Yipiie (mit Frust in der Stimme): Sage und schreibe nur 98 „Neins" kassiert.

Veränderungen / Change-Management

Veränderungen sind zurzeit nichts Ungewöhnliches. Man liest es überall. Unternehmen sind im Wandel. Alles soll besser werden. Gefragt ist ein Quantensprung, was nichts anderes bedeutet, als das hier (einen Schuh auf den Tisch stellen und dann mit Hilfe der Hand nach oben springen lassen und dabei sagen:) Sie nehmen einen Quanten und lassen ihn springen.

„Alles fließt" oder „Nichts ist beständiger als der Wandel" – so heißen bekannte Sprichwörter. Das trifft auch auf Ihre Firma zu. Es gibt jedoch etliche Stimmen hier im Unternehmen, die sagen, dass die Veränderungen zurzeit so schnell passieren, dass selbst Michael Schumacher den Anschluss verlieren würde.

Du kommst beispielsweise morgens in Dein Büro und plötzlich arbeitest Du im vierten Stock. Und dabei war das Gebäude gestern noch ein Flachbau.

Da die meisten Menschen Veränderungen eher skeptisch betrachten, werden Veränderungsprozesse hier im Unternehmen schonend eingeführt. Deshalb kommt dann auch plötzlich eines Morgens eine Horde schwarz gekleideter und frisch gegelter Berater ins Haus.

Das macht die Menschen dann erst richtig skeptisch. Die Sorge um den eigenen Arbeitsplatz wächst. Vorsichtshalber werden private Dateien von den PCs gelöscht. Oder: Der Chef erhält überraschend Geschenke.

Damit so ein Veränderungsprozess gesittet und ordnungsgemäß abläuft, tritt oftmals auch ein Change-Manager auf den Plan. Der hat dann die Aufgabe, den Führungskräften im Unternehmen klar zu machen, dass es ihre Idee war, etwas verändern zu wollen.

Die spannende Frage ist dabei, wie holt man die Mitarbeiter ins Boot? Wie verkauft man unangenehme Wahrheiten wie z.B.: Überstunden werden nicht mehr ausbezahlt, Dein Dienstwagen entfällt und künftig machst Du Dir in der Kantine Dein Essen selbst warm?

So etwas bringt die ganze Mannschaft in einem Unternehmen in Aufregung. Es könnte ja sein, dass morgen die Kaffeemaschine auch nicht mehr da ist. Oder noch schlimmer. Man muss den Orangensaft selbst einkaufen gehen.

Veränderungen brauchen gewöhnlich Zeit. Doch die ist nicht da. Deshalb sagen warnende Stimmen: „Rom ist auch nicht an einem Tag erbaut worden." Doch wen interessiert Rom?

Sich ändernde Unternehmen werden gerne mit dem Bild eines „Öltankers" in Bezug gebracht. Ein großes Unternehmen auf völlig anderen Kurs zu bringen ist genauso aufwendig, wie einen dicken Öltanker um 180 Grad zu wenden. Das Ziel ist übrigens auch erreicht, wenn der Kiel oben schwimmt.

Die immerwährende Botschaft an die Belegschaft ist, beim neuen Kurs mitzumachen. Es gilt, flexibel zu sein und alte Zöpfe abzuschneiden. Leicht gesagt, aber was tun, wenn man keinen Zopf trägt?

6.4   Rollen für ein Führungstraining

Im Folgenden lesen Sie sieben Rollenbeschreibungen für ein Führungstraining. Sie beschreiben, wie Mitarbeiter im Rahmen eines Leistungsrückmeldegespräches auftreten. Ich möchte Ihnen damit Beispiele geben, wie Sie die Regeln aus *Kapitel 5* bedarfsgerecht anwenden können.

Ich habe dabei die Erfahrung gemacht, dass sich die Rolle immer klarer entwickelt, wenn man sie ein paar Mal gespielt hat. Es gelingt immer besser, in die entsprechende Einstellung zu gelangen und aus dieser Einstellung noch weitere passende Ideen spontan zu ergänzen.

Eine Rolle „reift".

Ich finde es nützlich, die Rollenbeschreibung möglichst kurz und knackig zu halten. Wenige Sätze und Merkmale reichen aus. Denn anders als im Theater dauert die Rolle bei Übungsgesprächen ca. fünf Minuten. Und die sind schnell um.

Das Vorgehen ist folgendermaßen: Jeder Übungsteilnehmer zieht per Los eine der Rollen. Er erhält dann vorab nähere Informationen zum Charakter, zu seinem Namen und seinen Leistungen.

Das Vorgehen.

Die genaue Leistungsrückmeldung wird dann vom Teilnehmer im Vorfeld erarbeitet. Sie bezieht sich auf den üblichen Arbeitsalltag (z.B. als Lagermitarbeiter, als Verkäufer oder als Sachbearbeiter). D.h., der Rollenrahmen ist insgesamt universell anwendbar.

Als Übungsrahmen gebe ich auch die Botschaft aus, dass die Teilnehmer sich von dem Charakter überraschen lassen sollen. Im normalen Leben ist es natürlich so, dass Führungskräfte ihre Mitarbeiter meist recht genau kennen.

Doch auch hier passieren Überraschungen. Das Übungsgespräch soll Flexibilität trainieren. Jeder kann dabei über sich lernen, wie er mit solchen überraschenden Situationen umgeht. Nun zu den Charakteren:

Rollenspiel-Charaktere: Der Jammerer

Kurzbeschreibung: Das ist der Typ Mitarbeiter,
                    der immer jammert und leidet,
                    und dem es nie gut geht.

Name: Otilie Ohjeminee

Leistung: Natürliche Leistungsgrenzen.
                    Tut im Rahmen ihres Möglichen
                    ihre Leistung.

Standpunkte:
▶ „Mir geht es so schlecht. Ich war auch schon beim Arzt.
   Nehme Medikamente."
▶ „Ich habe es im Leben so schwer. Was habe ich verbrochen?"
▶ „Ich kann nicht mehr, ich tue doch schon mein Bestes."
▶ „Seien Sie nicht so hart zu mir."

Auftreten: Gebückte Körperhaltung,
                    macht sich im Stuhl klein,
                    Arme leicht verschränkt im Schoß.

Tonfall / Stimme: Jammern, zwischendurch kurz vorm Heulen,
                    leise unsichere Stimme.

Äußerungen / Übertreibungen:
▶ „Ohh, es ist so warm hier – ich habe Kopfschmerzen."
▶ „Können Sie das Licht ausmachen? Es tut mir in den Augen
   weh."
▶ Leidensstory: „Ich wohne bei meiner Mutter, die ist ein
   Tyrann. Sie macht mir das Leben so schwer. Sie ist schon alt.
   Wenn ich die Vasen nicht an den richtigen Platz stelle,
   schreit sie mich an. Mein Lebensgefährte will mich ver-
   lassen."
▶ Hund angefahren, heute morgen.
▶ „Heute ist nicht mein Tag."

Rollenspiel-Charaktere: Der Unauffällige

Kurzbeschreibung:	Den „Unauffälligen" können Sie sich wie folgt verdeutlichen: Wenn Sie jemand fragt, wie viele Mitarbeiter Sie haben und Sie sagen „Neun. – Nee, verdammt, zehn.", dann ist dieser Zehnte der Unauffällige. Das ist immer der, der völlig unscheinbar seine Arbeit tut, nicht auffallen will und eher unsicher auftritt.
Name:	Adelheid Maus
Leistung:	Zeigt angemessene Leistungen. Durchaus Verbesserungspotenzial. Ist unauffällig. Dadurch bekommt sie leicht mal weniger Anerkennung als die Leute, die mehr auf ihre Leistungen aufmerksam machen.

Standpunkte:
► „Ich mache meine Arbeit. Ich will nicht auffallen. Halte mich im Hintergrund."
► „Mir ist wichtig, akkurat und ordentlich zu arbeiten."
► „Ich finde diese Selbstdarstellung gräßlich. Ich kann nicht sagen, ob ich gut bin."

Auftreten:	Aufmerksame Sitzhaltung
Tonfall / Stimme:	Leise Stimme, unsicher, zurückhaltend.

Äußerungen / Übertreibungen:
► „Oh, bei Ihnen auf dem Tisch liegen ganz viele Krümel." Fegt sie mit der Hand herunter.
► Lieblingsfarbe „Grau", weil man damit nicht auffällt.
► Sorge aufgrund der eigenen Leistung: „Ist mein Arbeitsplatz gefährdet?"

Rollenspiel-Charaktere: Der 5-vor-12-Typ

Kurzbeschreibung: Dieser Mitarbeiter steht kurz vor der Kündigung. Er hält sich nicht an Absprachen zur Leistungsverbesserung. Er ist sich dabei aber keiner Schuld bewusst.

Name: Michael Desperado

Leistung: Hat schon mehrere Rückmeldegespräche hinter sich und sich dabei nie an die Abmachungen gehalten. Zeigt weiterhin schlechte Leistung. Er steht kurz vor der Entlassung.

Standpunkte:
▶ „Ich habe mich doch so bemüht."
▶ „Anderen wird auch nicht so die Hölle heiß gemacht."
▶ „Sie haben etwas persönlich gegen mich?"

Auftreten: Intensiver Blickkontakt, Platz des anderen einnehmend.

Tonfall / Stimme: Zunehmend aggressiver, lauter.

Äußerungen / Übertreibungen:
▶ „Wenn ich eine Frau wäre, würden wir hier nicht das Gespräch so führen. Die Doris macht keinen Finger krumm. Mit der führen Sie kein solches Gespräch. Ich strenge mich aber an."
▶ „Scheiß-Fliege." Schlägt als Ausdruck zunehmender Gereiztheit wütend eine imaginäre Fliege vom Knie.
▶ „Das ist Mobbing, was Sie machen."
▶ „Ich werde mich bei Ihrem Chef über Sie beschweren, dass Sie mir keine angemessene Rückmeldung geben."

Rollenspiel-Charaktere: Der Gute

Kurzbeschreibung: Der Mitarbeiter ist sehr ambitioniert
und zeigt hervorragende Leistungen.
Es geht darum, ihm positives Feedback
zu geben.

Name: Herbert Doll

Leistung: Zeigt sehr gute Leistungen.
Ist noch nicht lange dabei. Probezeit.

Standpunkte:
▶ Immer höher, besser, weiter.
▶ Spaß an den Aufgaben und Zielen
▶ „War mir gar nicht bewusst, was Sie als Chef alles
beobachten."
▶ Sehr ambitioniert: „Was kann ich denn tun, um noch besser
zu werden?"

Auftreten: Aufmerksame Sitzhaltung, zugewandt,
Blickkontakt.

Tonfall / Stimme: Mittlere Lautstärke.

Äußerungen / Übertreibungen:
▶ „Ich hätte gerne eine Schulung: ‚Das 1x1 für High Performer.
In 7 Schritten zum Albert Einstein'."
▶ „Ich habe mir das EDV-Selbstlernprogramm ‚Perfektionismus
leicht gemacht' angeschafft."
▶ „Lesenwert ist auch das Buch ‚Vom Mitesser zum Mitwisser –
Stadien der Weiterentwicklung'."
▶ „Übrigens, ich würde auch gerne Führungskraft werden."
▶ „Was muss man denn tun, um Ihren Job zu bekommen?"
(Wenn der Übende darauf nichts sagen kann, schnippisch
werden: „Wie, Sie können mir das nicht sagen, wie haben Sie
denn dann den Job bekommen?")

Rollenspiel-Charaktere: Der Besserwisser

Kurzbeschreibung: Bei diesem Mitarbeiter gibt es einen Widerspruch zwischen Selbstbild und Fremdbild. Ihm gelingt es schlecht, sich zu reflektieren. Deshalb glaubt er immer, alles besser zu wissen.

Name: Peter Weißalles

Leistung: Zeigt schlechte Leistungen.

Standpunkte:
► „Ich mache eine sehr gute Arbeit."
► „Bringen Sie mir Beispiele. Erzählen Sie mir doch mal genau, was schlecht ist. Ich verstehe es nicht."
► „Sehen Sie, Sie können mir nichts Konkretes nennen."
► „Kann ich nicht nachvollziehen."
► „Sagen Sie mir Namen."

Auftreten: Uneinsichtig, selbstbewusst.

Tonfall / Stimme: Genervte Stimme

Äußerungen / Übertreibungen:
► „Das ist ein Schlag ins Gesicht, was Sie mir da vorwerfen ..."
► „Die anderen Kollegen sehen das aber nicht so – ich habe schon einige gefragt. Das sieht keiner so."
► „Wie wollen Sie mich denn beurteilen? Sie sind doch im Alltag gar nicht bei den Situationen dabei."
► Selbst auf die klarste Rückmeldung sagt die Person: „Kann ich nicht nachvollziehen. Machen Sie es bitte konkreter."
► „Als Führungskraft sollten Sie mir doch klarmachen können, was ich nicht richtig mache."
► „Ich komme mir vor wie beim Psychologen. Ich weiß nicht, was das soll."

Rollenspiel-Charaktere: Die Lusche

Kurzbeschreibung: Keiner weiß, warum dieser Mitarbeiter überhaupt einmal eingestellt wurde. Er macht irgendwie seinen Job. Ihm fehlt es an persönlicher Ausstrahlung. Er lässt sich hängen und strengt sich nicht sonderlich an.

Name: Hans Wurscht

Leistung: Schlecht.
Es fehlt eher der Wille als die Fähigkeit.

Standpunkte:
▶ „Ist mir egal."
▶ „Wenn Sie meinen ..."
▶ „Hab' ich doch schon immer so gemacht ..."
▶ „Ich arbeite, um zu leben. Frau und Kinder sollen auch was von mir haben."

Auftreten: Teilnahmslos.
Liegestuhlhaltung auf dem Stuhl.
Wenig Blickkontakt.
Kommt in schlaffer Körperhaltung.
Schlaffer Händedruck zur Begrüßung.

Tonfall / Stimme: Berliner Dialekt.
„Weeßte, det is mir alles ejaal. Ick hab hier keene Lust, zu Kreuze zu kriechen, wa!"
„Uff eenmal machste hier so 'ne Welle."

Äußerungen / Übertreibungen:
▶ Mitarbeiter fragt unvermittelt im Gespräch: „Darf ich eine rauchen?"
▶ Liegt fast auf seinem Stuhl, breitbeinig.
▶ Gähnt unverhohlen, ohne Hand vor dem Mund.

Rollenspiel-Charaktere: Der Witzbold

Kurzbeschreibung: Der Mitarbeiter ist eine Frohnatur. Die Kollegen lieben ihn aufgrund seiner Geselligkeit und guten Laune. Im Job fehlt es jedoch an der notwendigen Ernsthaftigkeit, wodurch die Leistung leidet.

Name: Rüdiger Heiter

Leistung: Mittlere Leistung.
Es fehlt die Ernsthaftigkeit,
um mehr leisten zu können.

Standpunkte:
▶ „Ein bisschen Spaß muss sein."
▶ „Das ist gut für das Teamklima, wenn man nicht alles so verbissen und ernst sieht."

Auftreten: Locker, flockig, burschikos,
schweift gern mal vom Thema ab.

Tonfall / Stimme: Kräftige Stimme, saloppe Sprache.

Äußerungen / Übertreibungen:
▶ „Ich habe da neulich einen Super-Witz gehört (in Wirklichkeit ein sparsamer Witz:) Woher kommt der Spruch: ‚Hunde, die bellen, beißen nicht?' Aus Grönland. Da ist es so kalt, (dann Unterbrechen, weil er sich über den Witz amüsiert) ... dass allen Hunden beim Bellen die Schnauze zufriert und sie nicht mehr beißen können."
▶ „Ich glaub', ich muss mal zum Augenarzt, ich sehe immer schlechter. Meine nächste Brillenstärke ist bestimmt Panzerglas. Ich brauche eine größere Brille." (Holt eine überdimensional große Scherzartikel-Brille hervor.)

Kapitel 7

Übung macht den Meister

Die wichtigste Botschaft dieses Buches an Sie ist: *„Ich bin ein Normalo."* Damit möchte ich Ihnen sagen, dass mir das Witzigsein, eine komödiantische Ader oder die Unterhaltungskunst nicht in die Wiege gelegt worden sind.

Gut, wenn z.B. auf der Straße im Umkreis von 100 Kilometern eine einzige Dose liegt, dann können Sie sicher sein, dass ich beim Laufen dagegen stoße. Das trägt dann gewöhnlich zur Erheiterung meiner Frau bei.

Es kann auch schon mal vorkommen, dass ich im Seminar im Eifer des Gefechtes mit weißer Kreide auf eine grüne Wand schreibe, weil ich meine, es wäre eine normale Tafel. Die hatte ich aber vorher nach oben geschoben.

Aber das ist alles ungewollte Komik.

Mir ist wichtig, Ihnen, liebe Leserin und lieber Leser, mit auf den Weg zu geben, dass mir die hier vorgestellten Techniken geholfen haben, bewusst ein gutes Stück mehr Unterhaltung, Spaß und Entertainment in meine Vorträge, Präsentationen und Seminare zu bringen – und das völlig unabhängig von meiner Tagesform.

Aus eigener Erfahrung kann ich sagen, dass man anfangs absolute Ladehemmungen hat, selbst kreierte Gags anzuwenden. Man will sich ja nicht blamieren, albern wirken oder gar von der Teilnehmerschar ausgelacht werden – letzteres natürlich schon, aber nicht im negativen Sinne.

Mein Markenzeichen, die Kochmütze, die ich im Rahmen meiner Vorstellung zu Seminarbeginn einsetze, habe ich wenigstens dreimal in meinem Aktenkoffer gelassen, bevor ich sie erstmals zum Einsatz brachte. Erst die positiven Stimmen verschiedener Seminarteilnehmer verschafften mir zunehmend mehr Sicherheit für dieses Entree.

Betrachten Sie diese gewisse Grundskepsis in der Präsentation eigener Gags als normalen Schutzmechanismus. Denn auf der einen Seite geht es gerade zu Beginn eines Seminars oder Vortrags darum, mit Humor das Eis zu brechen, auf der anderen Seite aber auch, von der Gruppe als Referent akzeptiert zu werden.

Halten Sie sich jedoch auf der anderen Seite vor Augen, was sich Ihnen für neue Wege eröffnen, wenn es Ihnen gelingt, Menschen positiv zu überraschen. Natürlich besteht auch die Gefahr, anzuecken. Aber das Gute an etwas Neuem ist, dass es noch keiner gemacht hat. Die Gags, die von Ihnen kommen, sind Ihre und kein Plagiat. Kurzum: einmalig.

Was ich auch in den vergangenen Jahren des Selbststudiums gelernt habe, ist, dass man Kreativität nicht erzwingen kann. Die besten Einfälle kommen einem immer dann, wenn man aufgehört hat, darüber nachzudenken. Wie oft habe ich es erlebt, dass die Ideen dann plötzlich aus den kleinen grauen Zellen fließen, als hätte jemand das Brett vor dem Kopf weggesägt. In diesen Situationen war ich froh, ein Diktiergerät zur Hand zu haben, weil ich meistens die Gedanken gar nicht so schnell zu Papier bringen konnte, wie sie mir in den Sinn kamen.

Um in dieser Form kreativ zu sein, braucht es jedoch Zeit und Ruhe. Die ist natürlich nicht immer gegeben, wenn man kurzfristig gute Ideen braucht. Deshalb lautet auch mein Wahlspruch: *„Lieber Gott, gib' mir Geduld, aber ein bisschen plötzlich!"*

In diesem Sinne viel Erfolg bei der Umsetzung mit den Tipps aus diesem Buch

wünscht Axel Koch.

P.S. Wenn Sie mir Ihre Erfahrungen mit dem Buch mitteilen oder mir die Leviten lesen möchten, weil Sie niemanden zum Lachen gebracht haben, außer sich selbst, dann nutzen Sie meine Kontaktadresse vorne im Umschlag.

Literatur

▶ **Carter**, Judy. Stand-Up Comedy. The Book. 1989. New York: Dell Publishing Company.

▶ **Dilts**, Robert. Die Veränderung von Glaubenssystemen: 1993. Paderborn: Junfermannsche Verlagsbuchhandlung.

▶ **Esch**, Franz-Rudolf. Strategie und Technik der Markenführung. 2003. München: Verlag Vahlen.

▶ **Halbinger**, Walter. Karikaturen zeichnen für Einsteiger. Idee. Umsetzung. Beispiele. 2000. München: Augustus Verlag.

▶ **Kaan**, Eduard G. Ideen entwickeln. Kreativ sein mit Methode. In: managerSeminare, Heft 67, Juni 2003, S. 34-42. Bonn: managerSeminare Verlags GmbH.

▶ **Keane**, Christopher. Schritt für Schritt zum erfolgreichen Drehbuch. 2002. Autorenhaus.

▶ **Landauer**, Adele. ManageActing. Die Kunst, selbstsicher aufzutreten. 2001. München: Econ-Verlag.

▶ **Perret**, Gene. Comedy Writing Step By Step. How To Write And Sell Your Sense of Humor. 1990. Hollywood: Samuel French Trade.

▶ **Perret**, Gene. Successful Stand-Up Comedy. Vocational Guidance. 1994. Hollywood: Samuel French Trade.

▶ **Preiser**, Siegfried; **Buchholz**, Nicola. Kreativität. Ein Trainingsprogramm in sieben Stufen für Alltag und Beruf. 2000. Heidelberg, Kröning: Rudolf Asanger Verlag.

▶ **Ripp**, Gerd. Zaubertraining – Trainingszauber. Magie für Trainer und Weiterbildner. 2000. Bonn: managerSeminare Verlags GmbH.

▶ **Schaller**, Roger. Das große Rollenspiel-Buch. Grundtechniken, Anwendungsformen, Praxisbeispiele. 2001. Beltz Weiterbildung.

▶ **Vorhaus**, John. The Comic Toolbox. How To Be Funny Even If You're Not. 1994. Beverly Hills: Silman-James Press.

Stichwortliste

Axel Koch: Infotainment in Seminar und Präsentation